四川省工程建设地方标准

四川省建设工程项目监理工作质量检查标准

Standard for Construction Project Management Work Quality Inspection in Sichuan Province

DBJ51/T 060 – 2016

主编单位： 四川省建设工程质量安全监督总站
四川省兴旺建设工程项目管理有限公司
批准部门： 四川省住房和城乡建设厅
施行日期： 2017 年 1 月 1 日

西南交通大学出版社

2016 成都

图书在版编目（CIP）数据

四川省建设工程项目监理工作质量检查标准 /四川省建设工程质量安全监督总站，四川省兴旺建设工程项目管理有限公司主编. —成都：西南交通大学出版社，2016.11（2018.9 重印）
（四川省工程建设地方标准）
ISBN 978-7-5643-5112-0

Ⅰ. ①四… Ⅱ. ①四… ②四… Ⅲ. ①建筑工程 – 施工监理 – 技术规范 – 四川 Ⅳ. ①TU712-65

中国版本图书馆 CIP 数据核字（2016）第 274712 号

四川省工程建设地方标准

四川省建设工程项目监理工作质量检查标准

主编单位　四川省建设工程质量安全监督总站
　　　　　　四川省兴旺建设工程项目管理有限公司

责 任 编 辑	柳堰龙
封 面 设 计	原谋书装
出 版 发 行	西南交通大学出版社 （四川省成都市二环路北一段 111 号 西南交通大学创新大厦 21 楼）
发 行 部 电 话	028-87600564　028-87600533
邮 政 编 码	610031
网 　 　 址	http://www.xnjdcbs.com
印 　 　 刷	成都蜀通印务有限责任公司
成 品 尺 寸	140 mm × 203 mm
印 　 　 张	7
字 　 　 数	179 千
版 　 　 次	2016 年 11 月第 1 版
印 　 　 次	2018 年 9 月第 3 次
书 　 　 号	ISBN 978-7-5643-5112-0
定 　 　 价	44.00 元

四川省住房和城乡建设厅
关于发布工程建设地方标准
《四川省建设工程项目监理工作质量检查标准》
的通知

川建标发〔2016〕744号

各市州及扩权试点县住房城乡建设行政主管部门，各有关单位：

由四川省建设工程质量安全监督总站和四川省兴旺建设工程项目管理有限公司主编的《四川省建设工程项目监理工作质量检查标准》已经我厅组织专家审查通过，现批准为四川省推荐性工程建设地方标准，编号为：DBJ51/T 060－2016，自2017年1月1日起在全省实施。

该标准由四川省住房和城乡建设厅负责管理，四川省建设工程质量安全监督总站负责技术内容解释。

四川省住房和城乡建设厅

2016年9月18日

前　言

根据四川省住房和城乡建设厅《关于下达工程建设地方标准<四川省建设工程项目监理工作质量考评标准>编制计划的通知》(川建标发〔2015〕36号),由四川省建设工程质量安全监督总站、四川省兴旺建设工程项目管理有限公司会同有关单位组成编制组,进行了广泛的调查研究,总结近十年来四川省建设工程项目监理工作质量检查评定方面的实践经验和研究成果,在征求建设单位、施工单位、行业主管部门及工程监理单位意见的基础上,通过反复讨论、修改和完善,制定了本标准。本标准共分6章和4个附录,主要技术内容是:总则、术语、基本规定、检查评分方法、检查评定等级、检查评分项目。

本标准由四川省住房和城乡建设厅负责管理,四川省建设工程质量安全监督总站负责具体内容解释。在本标准执行过程中,希望各单位注意收集资料,总结经验,并将有关意见和建议反馈给四川省建设工程质量安全监督总站(四川省成都市高升桥南街11号,邮编:610041,电话:028-85064335,邮箱:cqss@scjst.gov.cn,传真:028-85077197)。

主编单位：四川省建设工程质量安全监督总站
　　　　　四川省兴旺建设工程项目管理有限公司

参 编 单 位： 中国华西工程设计建设有限公司

四川精正建设管理咨询有限公司

四川明清工程咨询有限公司

四川康立项目管理有限责任公司

成都衡泰工程管理有限责任公司

成都西南交大工程建设咨询监理有限责任公司

四川省建设工程质量安全与监理协会

成都建设监理协会

主要起草人： 刘 潞　　杨光福　　周 密　　李晋源

任 芳　　王文娜　　张 韵　　杨 磊

胡 坤　　钟筱萍

主要审查人： 陈 强　　黄光洪　　杨 进　　刘明康

张一鸣　　朱鸿雁　　雷仕春

目　次

Contents

10

1 总　则

1.0.1 为科学评价建设工程项目监理工作质量，提高建设工程监理的管理水平，实现监理工作质量检查工作的科学化、规范化、标准化，制定本标准。

1.0.2 本标准适用于四川省行政区域内新建、扩建、改建的房屋建筑和市政基础设施工程的项目监理工作质量的检查评定。

1.0.3 建设工程项目监理工作质量的检查评定应本着公平、独立、诚信、科学的原则开展。

1.0.4 建设工程项目监理工作质量的检查评定，除应符合本标准外，尚应符合国家法律、法规及现行有关标准的规定。

2 术　语

2.0.1 建设工程项目　construction project

为完成依法立项的新建、扩建、改建等工程而进行的、有起止日期的、达到规定要求的一组相互关联的受控活动组成的特定过程，简称项目。

2.0.2 建设工程监理　construction project management

工程监理单位受建设单位委托，根据法律法规、工程建设标准、勘察设计文件及合同，在施工阶段对建设工程质量、进度、造价进行控制，对合同、信息进行管理，对工程建设相关方的关系进行协调，并履行建设工程安全生产管理法定职责的服务活动。

2.0.3 工程监理单位　construction project management enterprise

依法成立并取得建设主管部门颁发的工程监理企业资质证书，从事建设工程监理与相关服务活动的服务机构。

2.0.4 建设单位　construction project building enterprise

具备法人资格，在建设工程项目管理组织中发挥核心作用的投资者，或由投资者设立的项目法人，或由投资者委托具体实施建设工程项目管理的机构，是建设工程项目在建设过程中的总负责机构和首要责任机构。

2.0.5 项目监理机构　project management department

工程监理单位派驻在施工现场,负责履行建设工程监理合同,具体执行建设工程项目监理工作的组织机构。

2.0.6 监理工作质量 quality of project management

监理单位及项目监理机构的监理工作、服务满足要求的程度。

2.0.7 监理工作质量检查 quality inspection of project management

项目监理机构、监理单位或其他相关单位对监理工作质量的检查活动。

2.0.8 监理工作质量评定 quality evaluation of project management

建设行政主管部门、建设单位等有关单位以及工程监理单位、项目监理机构对监理工作满足要求的程度进行的评审活动。

2.0.9 重要项目 important items

检查评定项目中，对建设工程项目监理工作质量起关键性作用的项目。一般为法律法规要求工程监理单位和项目监理机构必须履行的职责及完成的工作内容，并应达到一定的标准。

2.0.10 一般项目 general items

检查评定项目中，除重要项目以外的其他项目。

2.0.11 旁站 key works supervising

项目监理机构对工程的关键部位或关键工序的施工质量进行的全过程的监督活动。

2.0.12 巡视 patrol inspecting

项目监理机构对施工现场进行的定期或不定期的检查活动。

2.0.13 平行检验 parallel testing

项目监理机构在施工单位自检的同时，按有关规定、建设工程监理合同约定对同一检验项目进行的检测试验活动。

2.0.14 见证取样　sampling witness

项目监理机构对施工单位进行的涉及结构安全的试块、试件及工程材料现场取样、封样、送检工作的监督活动。

2.0.15 监理日志　Daily record of project management

项目监理机构每日对建设工程监理工作及施工进展情况所做的记录。

2.0.16 质量安全隐患　quality and safety hidden trouble

建设工程实体和施工作业现场、设备及设施等方面，潜在的可能导致建筑产品质量不合格或人员伤害、设备损坏、生产中断、环境破坏等的状态。

2.0.17 监理文件资料　project document and data

建设工程在工程建设监理过程中形成的各种形式信息记录的统称。包括监理单位和项目监理机构自身在工程监理过程中形成的资料和建设单位、施工单位、建设主管部门等形成的与本工程有关的资料。

2.0.18 监理单位技术负责人　technical director of Construction project management enterprise

由工程监理单位法定代表人书面任命，负责整个监理单位技术相关工作、对项目监理机构技术相关工作进行指导和管理的注册监理工程师。一般情况下，应是监理单位企业资质证书上载明的技术负责人。

当工作需要时，也可以是经工程监理单位法定代表人书面任

4

命，负责监理单位技术相关工作的、具备注册监理工程师资格的总工程师。

2.0.19 监理设施设备 equipment and facilities

监理单位为履行建设工程监理合同规定的义务而为项目监理机构配备的或由建设单位按合同约定提供给项目监理机构的办公、检测、交通、通信、生活等设施设备，包括监理办公用房和值班宿舍。

2.0.20 相关单位 related enterprise

在施工现场派驻有人员，能够对建设工程项目监理工作质量做出科学、公正评定意见的单位，主要指建设单位和施工单位。

3 基本规定

3.1 一般规定

3.1.1 工程监理单位应在企业资质证书许可的业务范围内从事工程监理活动，实施建设工程监理前，监理单位应与建设单位以书面形式签订建设工程监理合同。

3.1.2 建设工程监理行为应符合有关法律法规的规定，满足《建设工程监理规范》GB/T 50319 的要求，并应按照建设工程监理合同履行相应的义务，承担相应的责任。

3.1.3 除建设工程监理合同另有约定外，监理工作应包括下列主要内容：

1 收到工程设计文件后编制监理规划，并在第一次工地会议 7 天前报建设单位；根据有关规定和监理工作需要，编制监理实施细则。

2 熟悉工程设计文件，并参加由建设单位主持的图纸会审和设计交底会议。

3 参加由建设单位主持的第一次工地会议；主持监理例会并根据工程需要主持或参加专题会议。

4 审查施工单位提交的施工组织设计、（专项）施工方案，重点审查其中的质量安全技术措施、专项施工方案与工程建设强制性标准的符合性。

5 检查施工单位工程质量、安全生产管理制度及组织机构和人员资格。

6 检查施工单位专职安全生产管理人员的配备情况。

7 审查施工单位提交的施工进度计划，核查施工单位对施工进度计划的调整。

8 核查施工单位试验室。

9 审核分包单位资质条件。

10 检查复核施工单位的施工测量放线成果。

11 审查工程开工条件，对条件具备的签发开工令。

12 审查施工单位报送的工程材料、构配件、设备质量证明文件的有效性和符合性，并按规定对用于工程的材料采取见证取样、平行检验的方式进行抽检。

13 审核施工单位提交的工程款支付申请，签发或出具工程款支付证书，并报委托人审核、批准。

14 在巡视、旁站和平行检验过程中，发现工程质量、施工安全存在事故隐患的，要求施工单位整改并报建设单位。

15 经建设单位的同意，签发工程暂停令和工程复工令。

16 审查施工单位提交的采用新材料、新工艺、新技术、新设备的论证材料及相关验收标准。

17 验收隐蔽工程、检验批、分项工程及分部工程。

18 审查施工单位提交的工程变更申请，协调处理施工进度调整、费用索赔、合同争议等事项。

19 审查施工单位提交的竣工验收申请，编写工程质量评估报告。

20 参加工程竣工验收，签署竣工验收意见，审核签署工程竣工图。

21 审查施工单位提交的竣工结算申请并报送建设单位。

22 编制、整理工程监理归档文件并报送建设单位。

3.1.4 工程监理单位实施监理时，应在施工现场派驻项目监理机构。项目监理机构应符合下列要求：

1 项目监理机构的组织形式和规模，可根据建设工程监理合同约定的服务内容、服务期限，以及工程特点、规模、技术复杂程度、环境等因素确定。

2 项目监理机构的监理人员应由总监理工程师、专业监理工程师和监理员组成，且专业配套、人员数量应满足建设工程监理工作需要，必要时可设总监理工程师代表。

3 项目监理机构人员的最低配置应分别按表 3.1.4-1、表 3.1.4-2、表 3.1.4-3、表 3.1.4-4 的规定确定。

表 3.1.4-1 住宅工程监理人员配置最低标准 N （人）

人员配置数量	总建筑面积 S （万平方米）				
	$S \geqslant 15$	$15 > S \geqslant 10$	$5 \leqslant S < 10$	$2 \leqslant S < 5$	$S < 2$
总监理工程师	1	1	1	1	1
专业监理工程师	$N \geqslant 3$	$N \geqslant 2$	$N \geqslant 2$	$N \geqslant 1$	$N \geqslant 1$
监理员	$N \geqslant 3$	$N \geqslant 3$	$N \geqslant 2$	$N \geqslant 2$	$N \geqslant 1$

表 3.1.4-2 工业厂房工程监理人员配置最低标准 N（人）

人员配置数量	最大跨度 L（米）		
	$L \geqslant 36$	$24 \leqslant L < 36$	$L < 24$
总监理工程师	1	1	1
专业监理工程师	$N \geqslant 2$	$N \geqslant 1$	$N \geqslant 1$
监理员	$N \geqslant 2$	$N \geqslant 2$	$N \geqslant 1$

表 3.1.4-3 高耸构筑物工程监理人员配置最低标准 N（人）

人员配置数量	最大高度 H（米）		
	$H \geqslant 120$	$70 \leqslant H < 120$	$H < 70$
总监理工程师	1	1	1
专业监理工程师	$N \geqslant 2$	$N \geqslant 1$	$N \geqslant 1$
监理员	$N \geqslant 2$	$N \geqslant 2$	$N \geqslant 1$

表 3.1.4-4 一般公共建筑、市政工程监理人员配置最低标准 N（人）

人员配置数量	建筑安装工程费 K（或施工合同价款）（万元）				
	$K \geqslant 25\,000$	$15\,000 \leqslant K < 20\,000$	$10\,000 \leqslant K < 15\,000$	$5\,000 \leqslant K < 10\,000$	$K < 5\,000$
总监理工程师	1	1	1	1	1
专业监理工程师	$N \geqslant 3$	$N \geqslant 2$	$N \geqslant 2$	$N \geqslant 1$	$N \geqslant 1$
监理员	$N \geqslant 3$	$N \geqslant 3$	$N \geqslant 2$	$N \geqslant 2$	$N \geqslant 1$

注：1 施工准备阶段（总监理工程师收到工程开工报审表前）、工程收尾阶段（总监理工程师收到工程竣工验收报审表后）的监理人员数量，视现场工作需要，可不受上述标准限制。

2 项目监理机构应配置 1 名负责安全管理监理工作的专职（或兼职）专业监理工程师，人员配置并应符合监理合同约定。

3 建设工程项目建筑安装工程费（或施工合同价款）超过 25 000 万元的，每增加 5 000 万元，监理人员最低配置增加 1 人。

4 多层工业厂房工程的监理人员配置最低标准应符合表 3.1.4-1 的要求。

4 项目监理机构的组织形式、人员配备、岗位职责、进退场计划应在监理规划中明确。当监理人员有较大调整时，进退场计划应重新制定。

3.1.5 监理工作中的巡视应符合下列规定：

1 项目监理机构对施工现场进行的巡视分为定期巡视和不定期巡视两种情况，巡视的对象包括工程质量和现场施工安全，以及必要的其他方面，巡视内容应符合《建设工程监理规范》GB/T 50319 的要求，并应对巡视情况予以书面记录。

2 定期巡视应根据工程特点、规模、技术复杂程度、工程进度情况以及环境因素等，在监理实施细则中予以明确，并随着工程的进展，及时予以调整。巡视前由总监理工程师进行交底，定期巡视应每天上午、下午不少于 1 次。

3 不定期巡视应根据工程的具体情况由总监理工程师进行安排，或由专业监理工程师、监理员根据工作需要进行安排。

3.1.6 监理工作中的旁站应符合下列要求：

1 项目监理机构应对建设工程有关施工质量的关键部位或关键工序进行旁站，其监督活动宜在施工作业业面实施。

2 建设工程施工质量的关键部位、关键工序应由项目监理机构根据工程特点和施工单位报送的施工组织设计和（专项）施工方案确定，并编制旁站监理实施细则。

3 项目监理机构应按照编制的旁站监理实施细则，安排监理人员进行旁站，并应及时记录旁站情况。

4 监理人员对旁站过程中发现的施工质量问题，应立即要求施工单位整改合格；如无法及时予以改正，可能造成工程质量问题或质量事故的，应由总监理工程师及时报告建设单位，经同意后下发工程暂停令。

3.1.7 监理工作中的见证取样应符合下列要求：

1 建筑工程采用的主要材料、半成品、成品、建筑构配件、器具和设备应进行进场检验。

2 凡涉及安全、节能、环境保护和主要使用功能的重要材料、产品，应按各专业工程施工规范、验收规范和设计文件等规定进行复验。

3 项目监理机构应对试块试件的制作、存放及现场取样、封样、送检工作进行监督。

4 需进行见证取样的试块、试件、工程材料的类型、项目、数量、频率及取样方式应按有关规定执行，尚应在监理合同中予以约定。

5 项目监理机构应根据有关规定及监理合同约定编制见证取样计划，安排监理人员进行见证取样，并建立相应的见证取样台账。

6 项目监理机构应对见证取样的工程材料、构配件的出厂合格证、质量检验报告、性能检测报告以及质量抽检报告进行审查，合格的方能同意用于建设工程项目。

7 项目监理机构对已进场的经见证取样检验不合格的工程材料、构配件，应要求施工单位限期将其撤出施工现场。

3.1.8 监理工作中的平行检验应符合下列规定：

1 除建设主管部门或有关专业技术标准另有规定的，项目监理机构应按照建设工程监理合同的约定对施工质量进行平行检验。

2 平行检验分为对用于建设工程项目的主要材料、半成品、成品、建筑构配件、器具和设备的进场平行检验，以及对施工单位自检符合规定后的工程质量进行的实体平行检验。

3 项目监理机构应根据有关规定及监理合同约定编制平行检验计划，明确范围、内容、程序、比例和频率，并建立相应的平行检验台账。

4 进场平行检验的项目除应符合有关规定外，具体应在监理合同中约定，数量和频率不应少于施工验收规范中要求施工单位检验频率的 20%，检验方式由项目监理机构根据工程特点、专业要求确定。

5 实体检验的抽样样本应随机抽取，满足分布均匀、具有代表性的要求，抽样数量应符合有关专业验收规范的规定。当采用计数抽样时，最小抽样数量宜符合表 3.1.8 的要求。

表 3.1.8 检验批最小抽样数量

检验批的容量	最小抽样数量	检验批的容量	最小抽样数量
2 ~ 15	2	151 ~ 280	13
16 ~ 25	3	281 ~ 500	20
26 ~ 90	5	501 ~ 1 200	32
91 ~ 150	8	1201 ~ 3 200	50

6 项目监理机构可采用自备的仪器设备或自有试验室进行平行检验，也可委托第三方检测机构进行平行检验。

7 平行检验工作后应出具相应的检验报告。

3.1.9 监理工作中的重新检验应符合下列要求：

1 当项目监理机构认为有必要时，可要求施工单位对已覆盖的工程隐蔽部位进行重新检验。

2 发生下列情形应进行重新检验：

1） 发现施工单位未经项目监理机构验收，私自覆盖工程隐蔽部位的；

2） 进行质量缺陷查找、质量事故鉴定等其他情形。

3 重新检验的方式有钻孔探测、剥离或其他方法，有关质量安全责任划分方面的重新检验应委托第三方检测机构进行。

4 经检验证明工程质量符合规范和合同要求的，建设单位应承担由此增加的费用和（或）工期延期；经检验证明工程质量不符合规范和合同要求的、施工单位擅自覆盖隐蔽部位的，施工单位应承担由此增加的费用和（或）工期延误。

3.2 监理设施设备

3.2.1 建设单位应按建设工程监理合同的约定提供满足监理工作需要的办公、交通、通信、生活设施。项目监理机构应妥善保管和使用建设单位提供的设施，并应在完成监理工作后移交建设单位。

3.2.2 项目监理机构应根据工程项目类别、规模、技术复杂程度、工程项目所在地的环境条件，按建设工程监理合同的约定，配备满足监理工作需要的检测设备和工具。

3.2.3 建设主管部门有要求的、专业技术标准有规定的或按照建设工程监理合同约定需要进行平行检验的，项目监理机构应配备相应的检测设备或委托第三方检测机构。

3.2.4 项目监理机构应对自用的检测设备按规定进行定期标定，保证其准确性和有效性。

3.2.5 在大中型项目的监理工作中，项目监理机构应实施监理工作的计算机信息化管理。

3.3 监理文件资料

3.3.1 项目监理机构应设专人管理监理文件资料，应及时、准确、完整地搜集、整理、编制、传递监理文件资料，真实反映监理实施过程。

3.3.2 项目监理机构接收的建设工程文件资料应为原件，提供单位应对资料的真实性负责。如无法提供原件，需提供复印件时，应在复印件上加盖提供单位的印章，注明经手人姓名、提供日期及原件存放处。

3.3.3 工程监理文件资料组卷应符合下列要求：

1 第一卷：建设工程项目基本资料。

2 第二卷：项目监理机构管理资料。

3 第三卷：工程质量控制资料。

4 第四卷：安全生产管理的监理工作资料。

5 第五卷：工程进度、造价控制及合同管理资料。

3.3.4 监理文件资料的管理分为现场阶段、归档阶段和移交阶段，监理文件资料的管理应符合《建筑工程资料管理规程》JGJ/T 185 和《建设工程文件归档规范》GB/T 50328 要求。

4 检查评分方法

4.1 检查评分内容

4.1.1 建设工程项目监理工作质量的检查评分应包括下列主要内容：

1 监理组织机构。

2 工程质量及施工现场安全的监理情况。

3 监理实施过程及资料。

4 相关单位评价。

4.1.2 检查评分所包括的内容，除包括有关法律法规规定必须完成的监理工作外，可根据监理合同委托的范围、工作内容以及工程进度情况的不同对评分项目进行确认。

4.1.3 建设工程项目监理工作质量检查评分表包括检查评分汇总表和分项检查评分表。分项检查评分表包括监理组织机构检查评分表、工程质量及施工现场安全的监理情况检查评分表、监理实施过程及资料检查评分表、相关单位评价检查评分表。

4.2 检查评分方法

4.2.1 建设工程监理工作质量检查评分项目分为重要项目和一般项目。重要项目应全部检查，一般项目可抽查。

4.2.2 建设工程项目监理工作质量检查评定应符合本标准附录A、附录B的要求。

4.2.3 建设工程项目监理工作质量检查评定时，应根据工程建设进度情况确定检查评分项目，未发生的评分项目或建设工程监理合同委托范围、工作内容未包含的评分项目，不参加评分。

对已完工的建设工程项目可不进行施工现场安全的监理情况检查，本项分值不计入应得总分。

4.2.4 建设工程项目监理工作质量检查评定应按下列程序进行：

1 成立检查组。

检查组人员不宜少于 3 人，主体结构等主要专业、安装等辅助专业、施工安全相关专业人员各 1 人，由其中 1 人担任组长。

2 听取工作汇报。

项目监理机构应将工程项目情况及监理工作情况向检查组予以汇报，检查组根据具体情况确定检查的内容。

3 检查工程项目。

检查组应对建设工程项目的质量情况和施工现场安全情况进行检查，对所发现的问题在随后的监理文件资料检查时予以对照，以判断项目监理机构的履职情况。

4 核查监理资料。

对照施工现场发现的有关质量安全等方面问题，通过对监理文件资料的检查，全面核查监理实施过程。

建设工程项目现场监理文件资料组卷应符合本标准附录 C 要求。

5 询问相关单位。

分别向建设单位、施工单位询问对项目监理机构的技术水平、管理能力、服务态度、职业道德等方面的综合评价。

6 给出检查结论。

将各分项检查评分表的分值进行汇总计算，给出本次检查评定的等级，对检查中发现的主要问题应书面告知项目监理机构，并提出限期整改要求。

4.2.5 当检查项目齐全时，各分项检查评分表应得满分分值应为：

1 监理组织机构分项检查评分表　　　　　　　100分

2 工程质量及施工现场安全监理情况分项检查评分表 150分

3 监理实施过程及资料分项检查评分表　　　　300分

4 相关单位评价分项检查评分表　　　　　　　50分

4.2.6 分项检查评分表的评分应符合下列规定：

1 当检查项目齐全时，检查评分汇总表的应得满分分值应为600分，分项检查评分表的实得分值应为各检查项目所得分值之和。

2 当遇有缺项时，该检查评分项目应得分值不计入分项检查评分表应得分总分中。

3 评分应采用扣减分值的方法，扣减分值总和不得超过该检查项目的应得分值。

4.2.7 检查评分汇总表的总得分值应按下列公式计算：

$$A = A_1 + A_2 + A_3 + A_4 \qquad （4.2.7\text{-}1）$$

$$B = B_1 + B_2 + B_3 + B_4 \qquad （4.2.7\text{-}2）$$

式中　A——实查项目在分项检查评分表的实得分值之和；

　　　B——实查项目在分项检查评分表的应得分值之和；

　　　A_1——监理组织机构分项检查评分表实查项目的实得分值；

A_2——工程质量及施工现场安全监理情况分项检查评分表实查项目的实得分值；

A_3——监理实施过程及资料分项检查评分表实查项目的实得分值；

A_4——相关单位评价分项检查评分表实查项目的实得分值；

B_1——监理组织机构分项检查评分表实查项目的应得分值；

B_2——工程质量及施工现场安全监理情况分项检查评分表实查项目的应得分值；

B_3——监理实施过程及资料分项检查评分表实查项目的应得分值；

B_4——相关单位评价分项检查评分表实查项目的应得分值。

4.2.8 项目监理工作质量检查评分汇总表的总得分率，应按下式计算：

$$M = \frac{A}{B} \times 100\% \qquad (4.2.8)$$

式中　M——检查评分汇总表的总得分率；

　　　A——实查项目在分项检查评分表的实得分值之和；

　　　B——实查项目在分项检查评分表的应得分值之和。

4.2.9 分项检查评分表中的重要项目各小项的累计得分率不足70%时，此分项检查表不应得分。

5 检查评定等级

5.1 检查评定模式

5.1.1 建设工程项目监理工作质量评定实行项目监理机构自检、监理单位巡检、其他单位（或部门）抽检的模式。

5.1.2 项目监理机构应每两个月自检一次项目监理工作质量，并对存在的问题进行整改，提高建设工程项目监理工作质量。

5.1.3 监理单位应每三个月对所属项目监理机构巡回检查一次，落实监理单位对项目监理工作质量的管理职责，督促项目监理机构对存在的问题进行整改，提高监理单位整体工作质量。

5.1.4 其他单位（或部门）可根据项目监理机构自检、监理单位巡检的情况，按照需要不定期对项目监理工作质量进行检查评定。

5.2 检查评定等级

5.2.1 按分项检查评分表得分和检查评分汇总表的得分率，将建设工程项目监理工作质量评定划分为优良、合格、不合格三个等级。

5.2.2 建设工程项目监理工作质量评定的等级划分应符合表5.2.2 的规定。

表 5.2.2　建设工程项目监理工作质量评定等级

评定等级	评定等级标准
优良	分项检查评分表无零分，汇总表得分率应在 85%及以上
合格	分项检查评分表无零分，汇总表得分率应在 60%及以上，85%以下
不合格	有一分项检查评分表为零分；或者汇总表得分率不足 60%

　　注：分项检查评分表包括监理组织机构分项检查评分表、工程质量及施工现场安全监理情况分项检查评分表、监理实施过程及资料分项检查评分表、相关单位评价分项检查评分表。

5.2.3　当建设工程项目监理工作质量评定的等级为不合格时，必须限期整改达到合格。

6 检查评分项目

6.1 监理组织机构

I 监理单位

6.1.1 工程监理单位应建立质量管理体系，设置质量管理部门和岗位，规定相应的职责和权限，并履行对建设工程项目监理机构的管理职能。

6.1.2 工程监理单位检查评分的重要项目应符合下列要求：

  1 资质等级与所承担的建设工程项目专业类别、等级符合工程监理企业资质管理规定的要求。

  2 不得允许其他单位和个人以本单位的名义承担建设工程项目监理工作。

  3 不得将承担的建设工程项目监理工作进行转包。

  4 不得与建设单位或者施工单位串通弄虚作假、降低工程质量。

6.1.3 工程监理单位检查评分的一般项目应符合下列规定：

  1 建设工程监理合同中的服务范围和内容、总监理工程师、签约酬金、期限以及平行检验等内容填写完整有效。

  2 建设工程监理合同签字、盖章齐全有效。

  3 监理单位应每三个月对所属项目监理机构巡回检查一次。

II 项目监理机构

6.1.4 项目监理机构应派驻在施工现场，根据建设工程监理合同约定和工程具体情况确定项目监理机构的组织形式，并依据监理规划中的人员进退场计划实时进行调配。

6.1.5 项目监理机构的检查评分的重要项目应符合下列要求：

1 项目监理机构人员的最低配置应符合本标准第 3.1.4 条的规定，并符合合同约定。

2 监理人员的执业资格应符合相关规定。

3 总监理工程师应由注册监理工程师担任，经工程监理单位法定代表人书面任命，并在有关主管部门登记备案，且应在建设工程项目施工现场履行职责。

总监理工程师任命书应按本标准附录 D 表 D.1.1 的要求填写。

4 总监理工程师的变更应征得建设单位书面同意，并在有关主管部门重新登记备案。

5 专业监理工程师的专业应与所承担的建设工程项目主要专业配套，调换专业监理工程师应书面通知建设单位。

6 项目监理机构印章的使用应经过监理单位法定代表人的授权，项目监理机构印章使用授权书应按本标准附录 D 表 D.1.2 的要求填写。

6.1.6 监理组织机构检查评分的一般项目应符合下列规定：

1 一名注册监理工程师担任多项建设工程监理合同的总监理工程师时，应经建设单位书面同意，且最多不得超过三项；在建设工程项目施工现场工作的天数不得低于合同约定；同一个建设工程项目的总监理工程师在监理合同期限内变更次数不应超过两次。

2 由于监理工作需要或总监理工程师兼任其他建设工程监理合同的总监理工程师时，可设总监理工程师代表，行使其部分职责和权力；总监理工程师代表的设置应经工程监理单位法定代表人书面同意，并由总监理工程师书面授权。

3 专业监理工程师的专业配备及人员数量应满足建设工程监理工作的需要；建设工程项目主要专业的专业监理工程师不得兼任其他建设工程监理合同的监理工作。

4 监理员的配备应满足监理工作需要，不得兼任其他建设工程监理合同的监理员。

5 监理规划中列明的监理设施设备应配置到施工现场，与其他建设工程项目共用的设施设备的种类和数量不宜超过监理规划中列明的 50%。

6 施工现场监理办公室宜标准化布置，并应配备建设工程项目监理工作所需的标准、规范、规程、图集等技术资料，主要技术资料宜为纸质。

6.2 工程质量及施工现场安全的监理情况

6.2.1 项目监理机构应采取巡视、旁站、见证取样、平行检验等工作方式，根据现行国家及地方有关标准、规范、规程，对建设工程项目的工程质量和施工现场安全进行检查验收，监督施工单位对不合格的工程质量进行改正，处理质量缺陷和质量问题，整改安全事故隐患，使项目工程质量达到合格标准，并保证现场施工安全符合要求。

Ⅰ　工程质量监理情况

6.2.2　工程质量监理情况检查评分的重要项目针对工程质量强制性条文进行检查评定。

项目监理机构应按现行国家标准、规范、规程中有关工程质量方面的强制性条文对工程实体进行巡视检查，发现问题，督促施工单位整改，直至符合要求。

6.2.3　工程质量监理情况检查评定的一般项目针对工程质量一般条文进行检查评定。项目监理机构应按现行国家标准、规范、规程中有关工程质量方面的一般条文以及经批准的施工方案对工程实体进行巡视检查，发现问题，督促施工单位整改，直至符合要求。

Ⅱ　施工现场安全监理情况

6.2.4　施工现场安全监理情况检查评分的重要项目针对施工安全强制性条文进行检查评定。

项目监理机构应按现行国家及地方标准、规范、规程中有关现场施工安全方面的强制性条文，以及经批准的危险性较大的分部分项工程专项施工方案对施工现场进行巡视检查，发现问题，督促施工单位整改，直至符合要求。

6.2.5　施工现场安全检查评分的一般项目针对施工安全一般条

文进行检查评定。

项目监理机构应按现行国家及地方标准、规范、规程中有关现场施工安全方面的一般条文以及经批准的专项施工方案对施工现场进行巡视检查，发现问题，督促施工单位整改，直至符合要求。

6.3 监理实施过程及资料

Ⅰ 施工现场监理文件资料管理

6.3.1 施工现场监理文件资料应与建设工程项目实施过程同步形成，并真实反映建设工程的实体质量和现场安全等施工情况及监理工作情况。

6.3.2 施工现场监理文件资料管理包括资料的填写、编制、审核、审批、收集、整理、组卷、移交等工作，应满足施工现场管理的使用要求。施工现场监理文件资料管理应符合下列要求：

1 项目监理机构应对自身形成的文件资料内容的真实性、完整性、有效性负责，其他单位提供的文件资料由提供单位负责。

2 施工现场监理文件资料管理应采用信息化技术。根据有关规定或合同约定，监理文件资料需要进行电子文件与电子档案管理的，应符合《建设电子文件与电子档案管理规范》CJJ/T 117要求。

3 项目监理机构应在竣工验收前将现场监理文件资料按有

关规定进行整理，向建设单位移交。移交时应及时办理相关移交手续，填写工程监理文件资料移交单。

4 工程监理文件资料归档应符合国家现行有关法规和标准的规定，并应符合合同约定。有保密要求时尚应符合相关保密条款规定。

6.3.3 施工现场监理文件资料管理检查评定的重要项目应符合下列要求：

1 文件资料管理制度健全，岗位职责明确，并应设专人管理现场监理文件资料。

2 文件资料应内容完整、结论明确、签认齐全有效，符合相关规定。

3 项目监理机构接收的文件资料应符合本标准第3.3.2条的规定。

4 文件资料的收集、整理、组卷、移交应及时，并符合本标准附录C的规定。

6.3.4 施工现场监理文件资料管理检查评定的一般项目应符合下列规定：

1 文件资料不得随意修改，当需修改时，应实行划改，并由资料签认人在划改处签字确认。

2 文件资料的文字、图表、印章应清晰。

3 文件资料的填写、编制、审核、审批、签署应及时进行，格式、用表符合相关规定。

4 文件资料应用统一的文件资料盒（夹）收纳，使用可上锁的专用文件柜进行储存。

Ⅱ 监理规划、监理实施细则

6.3.5 监理规划应明确项目监理机构的工作目标，确定具体的监理工作制度、内容、程序、方法和措施，编审程序符合要求。

监理规划应按本标准附录 D 表 D.1.3 的要求填写。

6.3.6 监理规划应包括下列主要内容：

1 工程概况、监理工作重点难点分析。

2 监理工作的范围、内容、目标。

3 监理工作依据。

4 监理组织形式、人员配备及进退场计划、监理人员岗位职责。

5 监理工作制度。

6 工程质量控制、工程造价控制、工程进度控制。

7 安全生产管理的监理工作。

8 合同与信息管理。

9 组织协调。

10 监理工作设施。

6.3.7 监理规划检查评定的重要项目应符合下列要求：

1 监理规划应对项目监理机构开展监理工作具有指导性和针对性，内容齐全，应有明确、具体、符合建设工程实际的监理工作内容、程序、方法和措施，并制订完善的监理工作制度。

2 监理规划中应明确各监理岗位人员姓名及职责分工，有各阶段人员进退场计划，并有安全生产监理工作的相关内容。

3 监理规划的编审程序应符合要求。总监理工程师组织专业监理工程师编制，总监理工程师签字认可后由工程监理单位技术负责人审批，并加盖监理单位印章。

6.3.8 监理规划检查评定的一般项目应符合下列要求：

1 监理规划应在收到工程设计文件后编制。

2 监理规划应在第一次工地会议召开之前完成监理单位内部编审程序，并报送建设单位。

3 在监理工作实施过程中，当工程实际情况或条件发生变化，应及时调整和修改监理规划，修改后的监理规划应经工程监理单位技术负责人批准后报建设单位。

6.3.9 监理实施细则应符合监理规划的要求，明确项目监理机构对建设工程在专业技术、目标控制方面的详细工作要点、监理工作流程、具体工作方法和措施，具有规范性和可操作性。

监理实施细则应按本标准附录 D 表 D.1.4 的要求填写。

6.3.10 监理实施细则应包括下列主要内容：

1 专业工程特点。

2 监理工作流程。

3 监理工作要点。

4 监理工作方法及措施。

5 其他需要增加的内容。

6.3.11 监理实施细则检查评定的重要项目应符合下列要求：

1 对专业性较强和危险性较大的分部分项工程，项目监理机构应编制监理实施细则，内容齐全、正确、有效，符合工程实际情况。

2 当建设工程项目采用新材料、新工艺、新技术、新设备时，应编制相应的监理实施细则。

3 监理实施细则由各专业监理工程师编制，总监理工程师审批。

6.3.12 监理实施细则检查评定的一般项目应符合下列要求：

1 监理实施细则应在收到施工组织设计、（专项）施工方案后编制。

2 监理实施细则可随工程进展编制，但应在相应工程开始施工前完成。

3 当工程发生变化导致原监理实施细则所确定的工作流程、方法和措施需要调整时，专业监理工程师应对监理实施细则进行补充、修改，并经总监理工程师批准后实施。

Ⅲ 施工图审查及图纸会审

6.3.13 建设单位应向项目监理机构提供有效的设计文件、勘察资料、施工图审查报告以及勘察设计单位对审查报告的回复意见。

6.3.14 总监理工程师应在图纸会审前组织监理人员熟悉工程设计文件，并参加由建设单位组织的施工图纸会审和设计交底会议。

6.3.15 施工图审查及图纸会审记录评定的重要项目应符合下列要求：

1 项目监理机构收集的施工图审查报告及对审查报告的回复意见，各专业签字应齐全、及时、有效，并加盖有单位印章。

2 施工图会审和设计交底会议纪要应由建设单位代表、设计单位各专业负责人、施工单位项目经理或项目技术负责人和总监理工程师及时共同签字确认。

3 当建设工程项目分阶段出图时，应参加由建设单位分别组织的图纸会审和设计交底；当工程发生重大设计变更时，应参加由建设单位重新组织的图纸会审和设计交底会议。

4 建设工程项目有专业分包时，且专业分包单位出具的施工深化图纸按规定需进行施工图审查的，项目监理机构应及时收集施工图审查报告和对审查报告的回复意见，并参加由建设单位组织的图纸会审和设计交底会议。

5 施工单位采用签字不全、无出图章等无效的设计文件、勘察资料或者设计单位未对施工图审查报告中提出的问题予以回复的设计文件进行施工时，项目监理机构应及时制止，并向建设单位报告。

6.3.16 施工图审查及图纸会审记录评定的一般项目应符合下列要求：

1 图纸会审前监理人员应熟悉工程设计文件，将需在图纸会审提出的意见汇总形成书面记录，并报建设单位。

2 当项目监理机构发现图纸会审和设计交底会议纪要未完成签字手续即开始施工时，应及时向建设单位报告，督促完成相应会签手续。

3 项目监理机构发现工程设计文件中存在不符合建设工程质量标准或施工合同约定的质量要求时，应通过建设单位向设计单位提出书面意见或建议。

Ⅳ 施工组织设计、（专项）施工方案报审

6.3.17 施工组织设计、（专项）施工方案应在建设工程项目施工前编制，经审查批准后实施。施工组织设计、（专项）施工方案的调整、修改后应按程序重新报审。

6.3.18 总监理工程师应组织专业监理工程师对施工单位报送的施工组织设计、（专项）施工方案进行审查，符合要求的予以签认。对超过一定规模的危险性较大的分部分项工程的专项施工方案，符合要求的，应经总监理工程师签认后，报建设单位批准。

施工组织设计/（专项）施工方案报审表应按本标准附录 D 表 D.2.1 的要求填写。

6.3.19 项目监理机构应要求施工单位按已批准的施工组织设计/（专项）施工方案进行施工。发现未按施工组织设计/（专项）施工方案实施时，应及时签发监理通知单，要求施工单位整改。

6.3.20 施工组织设计审批评定的重要项目应符合下列要求：

1 编审程序应符合相关规定。

2 施工组织设计中的工程质量保证措施、安全技术措施应符合工程建设强制性标准。

3 施工组织设计的施工进度、施工方案及工程质量保证措施应符合施工合同要求。

6.3.21 施工组织设计审批评定的一般项目应符合下列要求：

1 施工组织中的资金、劳动力、材料、设备等资源供应计划满足工程施工需要。

2 施工总平面布置科学合理。

6.3.22（专项）施工方案审批评定的重要项目应符合下列要求：

1 编审程序应符合相关规定。

2 工程质量保证措施、安全技术措施应符合工程建设强制性标准要求。

3 超过一定规模的危险性较大的分部分项工程的专项施工方案，应检查施工单位组织专家进行论证、审查的情况，以及附具安全验算结果的情况。

6.3.23（专项）施工方案审批评定的一般项目应符合下列要求：

1 专业分包单位编制的施工组织设计、（专项）施工方案应由施工单位审查后报送项目监理机构。方案中应附分包单位内审表，分包单位的内审程序应符合相关规定。

2 当施工单位在施工中采用新材料、新工艺、新技术、新设备时，项目监理机构应审查其质量认证材料和相关验收标准的适用性，必要时，还应要求施工单位组织专题论证。

Ⅴ 工程开工报审

6.3.24 总监理工程师应组织专业监理工程师审查施工单位报送的工程开工报审表及证明文件。具备开工条件的，总监理工程师签署审查意见，报建设单位批准后，由总监理工程师签发工程开工令。工程开工令中的开工日期作为施工单位计算工期的起始日期。

工程开工报审表应按本标准附录 D 表 D.2.2 的要求填写；工程开工令应按本标准附录 D 表 D.1.5 的要求填写。

6.3.25 工程项目开工分为单位工程开工和分包工程开工。当施工合同中有多个单位工程且同时开工时，可填报一次工程开工报审；有多个单位工程且开工时间不一致时，则需对每批次分别进行工程开工报审；分包工程应分别进行工程开工报审。

6.3.26 单位工程开工报审检查评定的重要项目应符合下列要求：

1 施工图设计交底和图纸会审已完成。

2 施工组织设计已由总监理工程师审查签认。

3 项目监理机构对施工单位现场质量、安全生产管理体系的建立，主要管理人员及施工人员的到位情况，大型施工机械设备使用条件的具备情况，前期所需主要工程材料的落实情况已经进行了审查。

4 对现场临时设施、进场道路、水、电、通信的落实情况已进行了检查。

施工现场质量安全生产管理体系报审表应按本标准附录 D 表 D.2.3 的要求填写，施工机械、设施报审表应按本标准附录 D 表 D.2.4 的要求填写。

6.3.27 单位工程开工报审评定的一般项目应符合下列要求：

1 对满足部分开工条件，经建设单位批准，确需先行开工的，可以要求施工单位在指定的期限内完善相应工作，如不能按期满足开工条件的，可以暂停施工，直至具备开工条件。

2 总监理工程师应在开工日期 7 天前向施工单位发出工程开工令。

3 工程开工报审表的证明文件资料应包括下列内容：

1）图纸会审纪要的会签页；

2）施工组织设计的审批页；

3）施工现场质量安全生产管理体系报审表；

4）施工机械、设施报审表。

6.3.28 工程项目有专业分包时，项目监理机构应审核施工单位报送的分包单位资格报审表，专业监理工程师提出审查意见后，由总监理工程师审核签认。

分包单位资格报审表应按本标准附录 D 表 D.2.5 的要求填写。

6.3.29 分包工程开工报审检查评定的重要项目应符合下列要求：

1 项目监理机构应审查分包单位施工现场质量安全生产管理组织机构、管理规章制度及专职管理人员和特种作业人员的资格。

2 项目监理机构应对施工单位报送的（专项）施工方案进行审查，符合要求后予以签认。

3 未进行分包工程开工报审或者报审不符合规定的，应及时向施工单位发出监理通知单，拒绝分包单位进入施工现场，并向建设单位报告。

4 项目监理机构发现有属于转包、肢解分包、违法分包等情况的，应向建设单位报告，并不得同意其进场施工。

6.3.30 分包工程开工报审评定的一般项目应符合下列要求：

1 工程的部位、工程量、合同价款应符合建设工程施工合同约定。

2 施工人员已到位，施工机具具备使用条件，主要工程材料已落实。

3 工程开工报审表的证明文件资料应包括下列内容：

1）分包单位资格报审表；

2）施工现场质量安全生产管理体系报审表；

3）分包工程施工合同。

Ⅵ 施工控制测量成果报验

6.3.31 项目监理机构应检查施工单位测放的施工平面控制网、高程控制网和临时水准点、建筑物（构筑物）定位放线的控制测量成果；对施工单位的控制测量进行独立实测复核或平行实测复核；检查落实控制桩的保护措施。符合要求的，予以签认。

6.3.32 项目监理机构应对施工单位在施工过程中报审的施工测量放线成果进行检查，必要时应进行独立实测复核或平行实测复核。

施工控制测量成果报验表应按本标准附录 D 表 D.2.6 的要求填写。

6.3.33 施工控制测量成果报验检查评定的重要项目应符合下列要求：

1 项目监理机构应对整个工程项目和单位工程的控制测量成果和保护措施进行复核和检查，并有独立的复核记录。

2 项目监理机构对测量成果进行复核时，应审核专业测量人员的资格证书、审查测量设备的检定证书，检查内容包括测量仪器的名称、型号、编号、校验资料等。

3 项目监理机构应根据规范及标准的要求，审核施工单位的测量依据和测量成果，符合要求的，由专业监理工程师予以签认。测量依据资料及测量成果应包括下列内容：

1）平面、高程控制测量：需报送控制测量依据资料、控制测量成果表（包含平差计算表）及附图；

2）定位放样：报送放样依据、放样成果表及附图。

6.3.34 施工控制测量成果报验评定的一般项目应符合下列要求：

1 项目监理机构应对施工单位在施工过程中报审的施工测量放线成果进行审查，必要时予以复核。

2 项目监理机构应要求施工单位按制定的测量方案进行施工测量放线工作，测量精度应满足需要。

3 项目监理机构应对控制桩的保护措施进行检查，并有检查记录。

Ⅶ 工程材料、构配件、设备报审

6.3.35 项目监理机构应对施工单位报送的用于建设工程的材料、构配件、设备的质量证明文件进行审查，按照有关规定和建设工程监理合同的约定，对用于建设工程的材料、构配件进行见证取样和平行检验。

工程材料、构配件、设备报审表应按本标准附录 D 表 D.2.7 的要求填写。

6.3.36 当工程中采用新材料、新设备和非标装配式构件时，专业监理工程师审查可根据具体情况要求施工单位提供相应的检验、检测、试验、鉴定或评估报告，并按经审查批准的质量验收标准进行验收。专业监理工程师审查合格后，由总监理工程师签认，报建设单位批准。

6.3.37 新材料、新工艺、新技术、新设备的应用应符合国家相关规定，必要时应根据有关主管部门的要求和建设工程监理合同的约定进行专题论证。专题论证书面结论意见应作为工程材料、构配件、设备报审表的附件。

6.3.38 工程材料、构配件、设备报审评定的重要项目应符合下列要求：

1 用于工程的材料、构配件、设备，其规格、品种、批次、数量应符合相关标准和合同的规定。

2 应根据有关主管部门的要求和建设工程监理合同的约定对用于工程的材料、构配件、设备按相应比例进行平行检验。

3 项目监理机构对按规定应进行报审而未进行的工程材料、构配件、设备，应下达监理通知单，要求施工单位不得用于工程。

4 项目监理机构对已进场经检验不合格的工程材料、构配件、设备，应要求施工单位限期将其撤出施工现场。

6.3.39 工程材料、构配件、设备报审评定的一般项目应符合下列要求：

1 项目监理机构应对施工单位报审的工程材料、构配件、设备及时进行审查，满足工程进度要求。

2 项目监理机构的见证取样、平行检验的频率和方法应符合相关标准要求和合同约定；平行检验的频率尚应符合本标准第3.1.8条的规定。

3 工程材料、构配件、设备报审表的质量证明文件应包括下列内容：

1）出厂合格证；

2）质量检验报告；

3）性能检测报告；

4）施工单位的质量抽检报告；

5）监理单位的质量平行检验报告；

6）新材料、新设备和非标装配式构件专题论证结论意见。

4 由建设单位采购的大型设备、进口设备进场时，应由建设单位、施工单位（安装单位）、项目监理机构三方见证开箱验收，并形成三方会签的开箱验收记录。

Ⅷ 巡视、旁站

6.3.40 项目监理机构应制定巡视计划，并按计划对施工质量安全进行巡视。巡视记录内容应真实完整，抽测数据应真实、准确、有效，检测方法应符合规范、标准要求。巡视记录应包括下列内容：

1 施工单位是否按工程设计文件、工程建设标准和批准的施工组织设计、（专项）施工方案施工。

2 使用的工程材料、构配件和设备是否符合要求。

3 施工现场管理人员，特别是施工质量管理人员是否到位。

4 特种作业人员是否持证上岗。

6.3.41 项目监理机构应根据工程特点和审查批准的施工组织设计（方案）编制旁站监理方案。旁站监理方案中应明确关键部位、关键工序，旁站的方式和记录的内容。旁站记录应包括下列内容：

1 关键部位、关键工序的施工情况。

2 发现的问题及处理情况。

旁站监理记录应按本标准附录 D 表 D.1.6 的要求填写。

6.3.42 巡视、旁站监理记录检查评定的重要项目应符合下列要求：

1 巡视点位应能满足监理工作需要和覆盖整个施工区域，巡视频率应符合本标准第 3.1.5 条的规定。

2 项目监理机构应将影响工程主体结构安全的、完工后无法检测其质量的、返工会造成较大损失的部位作为旁站的关键部位、关键工序。

6.3.43 巡视、旁站监理记录检查评定的一般项目应符合下列要求：

1 项目监理机构应安排监理人员对施工质量安全进行定期和不定期的巡查，巡视记录内容完整。

2 应按旁站监理方案和相关规定执行，旁站监理记录内容真实、完整、及时、签署齐全。

Ⅸ 隐蔽工程、检验批、分项工程、分部工程报验

6.3.44 项目监理机构应按规定对施工单位自检合格后报验的隐蔽工程、检验批、分项工程和分部工程及相关文件和资料进行审查和验收，符合要求的，签署验收意见。质量验收应符合下列要求：

1 项目监理机构应在收到施工单位报验的隐蔽工程、检验批、分项工程、分部工程报验资料，对相应质量控制资料的

完整性、有效性、及时性进行审查后，进行该部位实体工程质量的验收。

2 隐蔽工程、检验批的报验按有关专业工程施工验收标准规定的程序执行，由专业监理工程师组织施工单位项目专业质量检查员、专业工长等对隐蔽工程、检验批进行复核检查，并填写复核实测数据和验收结论。

3 分项工程由专业监理工程师组织施工单位项目专业（质量）技术负责人等进行分项工程验收，并填写复核实测数据和验收结论。

4 分部工程（子分部工程）验收由总监理工程师组织建设单位代表，勘察设计单位项目负责人、专业负责人，施工单位项目负责人、项目技术负责人等参加，对工程观感质量进行检查，对有关安全、节能、环境保护和主要使用功能进行抽样检验，总监理工程师填写分部工程质量验收意见。

隐蔽工程、检验批、分项工程报验表应按本标准附录 D 表 D.2.8 的要求填写，分部工程报验表应按本标准附录 D 表 D.2.9 的要求填写。

6.3.45 项目监理机构对单位工程中的分包工程，应要求分包单位对所承包的工程项目自检完成后，将所分包工程的质量控制资料整理后，移交给总包单位；分包工程验收时，应要求总包单位派人参加。

6.3.46 隐蔽工程、检验批、分项工程、分部工程报验检查评定的重要项目应符合下列要求：

1 项目监理机构发现施工单位私自覆盖工程隐蔽部位的，

应要求施工单位对已覆盖的工程隐蔽部位进行钻孔探测、剥离或其他方法重新检验。

2 对需要返工处理或加固补强的质量缺陷，项目监理机构应要求施工单位报送处理方案，必要时尚应经设计单位认可，并应对质量缺陷的处理过程进行跟踪检查，同时应对处理结果进行验收。

3 项目监理机构对缺失工程质量控制资料的隐蔽工程、检验批，应要求施工单位委托有资质的检测机构按有关标准进行相应的实体检验或抽样试验，并按检验、试验结果签署验收意见。

6.3.47 隐蔽工程、检验批、分项工程、分部工程报验检查评定的一般项目应符合下列要求：

1 项目监理机构应按规定组织隐蔽工程、检验批、分项工程和分部工程的验收，符合本标准第 6.3.44 条、第 6.3.45 条的规定，并予以签认。

2 项目监理机构对未经验收或验收不合格的隐蔽工程、检验批、分项工程、分部工程应拒绝签认，严禁进入下道工序，同时应要求施工单位在指定的时间内整改并重新报验，重新组织验收。

3 报验资料应与工程实际同步并符合相应逻辑关系。

Ⅹ 监理通知及回复

6.3.48 项目监理机构发现施工中存在质量问题和安全隐患时，应及时签发监理通知单，要求施工单位限期整改；整改完成后，根据施工单位报审的监理通知回复单对整改情况进行复查，提出复查意见，进行闭合。

监理通知单（质量/安全）应按本标准附录 D 表 D.1.7 的要求填写，监理通知回复单（质量/安全）应按本标准附录 D 表 D.2.10 的要求填写。

6.3.49 监理通知单及回复单检查评定的重要项目应符合下列要求：

1 项目监理机构在巡视检查中发现违反强制性条文、存在严重质量缺陷或造成质量事故，应及时签发监理通知单要求施工单位整改。

2 项目监理机构对隐蔽工程、检验批、分项工程和分部工程验收不合格的，应及时签发监理通知单要求施工单位整改。

3 巡视检查危险性较大的分部分项工程专项施工方案实施情况时，若发现未按专项施工方案实施，应及时签发监理通知单要求施工单位整改。

6.3.50 监理通知单及回复单检查评定的一般项目应符合下列要求：

1 在巡视检查中发现存在质量问题或安全隐患时，应及时签发监理通知单要求施工单位整改。

2 项目监理机构应要求施工单位在监理通知单规定的限期内将问题整改完毕，并进行复查，填写复查意见。

3 应要求施工单位对监理通知单提出的问题进行整改，并填写监理通知回复单，逐条予以闭合。

XI 第一次工地会议、监理例会、专题会议

6.3.51 项目监理机构应参加建设单位组织的第一次工地会议，并负责整理会议纪要；总监理工程师应定期组织召开监理例会，项目监理机构负责整理例会纪要，并经与会各方代表会签；当工程中发生重大事项需要共同研究解决时，应召开专题会议，专题会议由发起方组织召开（或委托召开），由组织方整理会议纪要并完成会签工作。

第一次工地会议、监理例会、专题会议纪要应按本标准附录 D 表 D.3.1 的要求填写。

6.3.52 在第一次工地会议上，总监理工程师应介绍监理工作的目标、范围和内容、项目监理机构及人员职责分工、监理工作程序、方法和措施等。第一次工地会议应包括下列主要内容：

1 建设单位、施工单位和工程监理单位分别介绍各自驻现场的组织机构、人员及其分工。

2 建设单位介绍工程开工准备情况。

3 施工单位介绍施工准备情况。

4 建设单位代表和总监理工程师对施工准备情况提出意见和要求。

5 总监理工程师介绍监理规划的主要内容。

6 研究确定各方在施工过程中参加监理例会的主要人员，召开监理例会的周期、地点及主要议题。

7 其他有关事项。

6.3.53 监理例会是项目监理机构组织有关单位研究解决与监理相关问题的会议。监理例会应包括下列主要内容：

1 检查上次例会议定事项的落实情况，分析未完事项原因。

2 检查分析工程项目进度计划完成情况，提出下一阶段进度目标及其落实措施。

3 检查分析工程质量、施工安全管理状况，针对存在的问题提出改进措施。

4 检查工程量核定及工程款支付情况。

5 解决需要协调的有关事项。

6 其他有关事宜。

6.3.54 第一次工地会议、监理例会、专题会议检查评定的重要项目应符合下列规定：

1 总监理工程师和主要监理人员均应参加第一次工地会议，总监理工程师应对施工准备情况提出意见和要求，并介绍监理规划的主要内容。

2 确定各方在施工过程中参加监理例会的主要人员，召开监理例会的周期、地点及主要议题。

3 监理例会应由总监理工程师组织，总监理工程师主持召开会议的比例不应低于30%，参加监理例会的主要监理人员不应少于主要监理人员总数的50%。

4 其他单位组织的专题会议项目监理机构相关人员不应缺席。

6.3.55 第一次工地会议、监理工地例会、专题会议检查评定的一般项目应符合下列规定：

1 第一次工地会议、监理工地例会、专题会议应有人员签到表，会议纪要应经与会各方会签。

2 第一次工地会议纪要内容齐全，符合本标准第6.3.52条的规定。

3 项目监理机构应按第一次工地会议时商定的监理例会周期和参加人员召开监理例会，不应随意更改监理例会时间。

4 项目监理机构应有专门的监理例会原始记录本，对其进行整理形成会议纪要，并应于 48 小时内发出。

5 监理例会纪要内容齐全，符合本标准第 6.3.53 条的规定。

6 项目监理机构提出的专题会议应由监理相关人员主持。

XII 监理日志、监理月报

6.3.56 项目监理机构应每日对建设工程监理工作及施工情况进行记录，每月向建设单位、监理单位提交监理工作及工程实施情况的分析总结报告。

监理日志应按本标准附录 D 表 D.1.8 的要求填写，监理月报应按本标准附录 D 表 D.1.9 的要求填写。

6.3.57 监理日志由专业监理工程师负责编写，总监理工程师应定期审阅监理日志，全面了解监理工作情况。监理日志应包括下列内容：

1 天气和施工环境情况。

2 当日施工进展情况应包括下列内容：

1）工程进展情况，施工单位人、机、料进场及使用情况，施工部位的工程照片；

2）工程质量情况，分项分部工程验收情况，工程材料、设备、构配件进场检验情况，主要施工试验情况；

3）施工单位安全生产管理工作情况。

3 当日监理工作情况，除包括旁站、巡视、见证取样、平行检验等情况外，还应包括下列内容：

　　1）工程质量控制方面的工作情况；

　　2）安全生产管理方面的工作情况；

　　3）工程计量与工程款支付方面的工作情况；

　　4）合同其他事项的管理工作情况；

　　5）监理工作统计及工作照片。

　4　当日存在的问题及处理情况。

　5　其他有关事项。

6.3.58　监理日志可按下列方式编写成册：

　1　工程项目、单位工程、施工标段。

　2　土建专业（主导专业）、安装专业（辅助专业）等。

　3　工程质量、施工安全。

6.3.59　监理日志检查评定的重要项目应符合下列要求：

　1　监理日志的内容应能真实反映工程情况和监理情况，能与其他监理文件资料相互印证且能闭合，具可追溯性。

　2　监理日志不得漏记重要监理信息内容，应符合本标准第6.3.57条的规定。

6.3.60　监理日志检查评定的一般项目应符合下列要求：

　1　监理日志由总监理工程师根据工程实际情况指定专业监理工程师负责编写。

　2　项目监理机构应每日编写监理日志，总监理工程师应每周审阅监理日志，全面了解监理工作情况。

　3　监理日志编写成册应系统、完整，符合本标准第6.3.58条的规定。

6.3.61 监理月报由总监理工程师组织编写，并签认发出。监理月报应包括下列内容：

1 本月工程实施情况，应包括下列内容：

1）工程进展情况，实际进度与计划进度的比较，施工单位人、机、料进场及使用情况，本期在施工部位的工程照片；

2）工程质量情况，分项分部工程验收情况，工程材料、设备、构配件进场检验情况，主要施工试验情况，本月工程质量分析；

3）施工单位安全生产管理工作评述；

4）已完工程量与已付工程款的统计及说明。

2 本月监理工作情况，应包括下列内容：

1）工程进度控制方面的工作情况；

2）工程质量控制方面的工作情况；

3）安全生产管理方面的工作情况；

4）工程计量与工程款支付方面的工作情况；

5）合同其他事项的管理工作情况；

6）监理工作统计及工作照片。

3 本月施工中存在的问题及处理情况，应包括下列内容：

1）工程进度控制方面的主要问题分析及处理情况；

2）工程质量控制方面的主要问题分析及处理情况；

3）施工单位安全生产管理方面的主要问题分析及处理情况；

4）工程计量与工程款支付方面的主要问题分析及处理情况；

5）合同其他事项管理方面的主要问题分析及处理情况。

4 下月监理工作重点，应包括下列内容：

1）在工程管理方面的监理工作重点；

2）在项目监理机构内部管理方面的工作重点。

6.3.62 监理月报检查评定的重要项目应符合下列要求：

1 监理月报的内容应能真实反映工程情况和监理情况，能与其他监理文件资料相互印证、闭合。

2 项目监理机构应将监理月报及时向建设单位和监理单位提交。

6.3.63 监理月报检查评定的一般项目应符合下列规定：

1 总监理工程师组织编写监理月报，并对编制的监理月报进行审核签认。

2 项目监理机构应每月编写监理月报，间隔时间不得超过两个月。

XⅢ 安全生产管理的监理工作

6.3.64 项目监理机构安全生产管理的监理工作依据主要应包括下列内容：

1 有关安全生产的法律法规。

2 工程建设强制性标准。

3 危险性较大的分部分项工程专项施工方案。

4 其他有关安全的工程技术标准和专项施工方案。

6.3.65 项目监理机构安全生产管理的监理工作文件资料应包括下列内容：

1 监理通知单（安全）。

2 对重大危险点源等的日常安全巡查记录。

3 施工机械设备和施工机具的生产（制造）许可证、产品合格证、验收手续、检测合格证明文件及备案登记的检查记录。

4 （安全）监理平行检测记录。

5 （安全）监理日志。

6 特种人员上岗证书审查记录。

7 其他有关安全生产管理的监理工作资料。

6.3.66 项目监理机构安全生产管理监理工作及文件资料的检查评定按符合性进行检查，前面已经检查过的项目，按缺项处理，不重复扣减分值，不计入本分项检查评分表应得分。

6.3.67 安全生产管理监理工作检查评定的重要项目应符合下列要求：

1 审查施工组织设计中的安全技术措施或者危险性较大的分部分项工程安全专项施工方案应符合工程建设强制性标准。

2 超过一定规模危险性较大的分部分项工程专项施工方案，施工单位应组织专家进行论证，并按专家论证意见对专项施工方案进行修改完善，修改后的专项施工方案应经施工单位技术负责人审查批准。

3 在实施监理过程中，发现工程存在安全事故隐患的，应及时签发监理通知单，要求施工单位整改；情况严重的，及时报告建设单位的同时签发工程暂停令。

4 施工单位拒不整改或者不停止施工的，及时向有关主管部门报送相关监理报告。

6.3.68 安全生产管理监理工作检查评定的一般项目应符合下列要求：

1 在监理规划中制定有安全生产管理的监理工作内容、流程、方法和措施，编制了危险性较大的分部分项工程相应的监理实施细则。

2 审查施工单位现场安全生产规章制度的建立和落实情况。

3 审查施工单位安全生产许可证及施工单位项目经理、专职安全生产管理人员和特种作业人员资格及到岗履职情况。

4 核查施工机械设备和施工机具的生产（制造）许可证、产品合格证、验收手续、检测合格证明文件及备案登记情况。

5 巡视检查施工单位按照已批准的安全专项施工方案组织施工，定期检查危险性较大的分部分项工程施工作业情况。

6 其他有关安全生产管理监理工作的规定。

XIV 工程暂停、工程复工报审

6.3.69 项目监理机构发现下列情况之一时，总监理工程师应及时签发工程暂停令：

1 施工存在质量问题或安全事故隐患，签发监理通知单要求施工单位整改，施工单位拒不整改的。

2 危险性较大的分部分项工程未按专项施工方案实施，工程存在着严重安全事故隐患的。

3 施工单位违反工程建设强制性标准，拒不整改的。

4 施工存在重大质量、安全事故隐患或发生质量、安全事故的。

5 施工单位未按审查通过的工程设计文件施工的。

6 施工单位出现其他未经批准擅自施工或拒绝项目监理机构管理的。

7 建设单位要求暂停施工且工程需要暂停施工的。

6.3.70 工程暂停令应由总监理工程师按照施工合同和建设工程监理合同的约定签发，并应事先征得建设单位的同意。工程暂停令应根据停工原因的影响范围和影响程度，确定停工具体范围和要求。

工程暂停令应按本标准附录 D 表 D.1.10 的要求填写。

6.3.71 施工单位拒不暂停施工的，项目监理机构应向建设单位报告，并及时向有关主管部门报送监理报告。

监理报告应按本标准附录 D 表 D.1.12 的要求填写。

6.3.72 项目监理机构应审查施工单位报送的复工报审表及有关材料，符合要求后，总监理工程师应及时签署审查意见，并应报建设单位批准后签发工程复工令。

工程复工令应按本标准附录 D 表 D.1.11 的要求填写，工程复工报审表应按本标准附录 D 表 D.2.11 的要求填写。

6.3.73 工程暂停令、工程复工令检查评定的重要项目应符合下列要求：

1 当发生本标准第 6.3.69 条中任一种情况或几种情况时，总监理工程师应及时签发工程暂停令。

2 工程暂停令、工程复工令的发出应事先征得建设单位的同意。

3 施工单位拒不暂停施工时，项目监理机构应向建设单位报告，并及时向有关主管部门报送监理报告。

6.3.74 工程暂停令、工程复工令检查评定的一般项目应符合下列要求：

1 工程暂停令应明确规定停工的具体范围和要求。

2 紧急情况下，总监理工程师签发工程暂停令未事先征得建设单位同意的，应在事后及时向建设单位作出书面报告。

XV　施工进度计划、工程临时/最终延期报审

6.3.75 项目监理机构应审查施工单位报审的施工总进度计划和阶段性施工进度计划，提出审查意见，并应由总监理工程师审核后报建设单位。

施工进度计划报审表应按本标准附录 D 表 D.2.12 的要求填写。

6.3.76 施工进度计划审查应包括下列基本内容：

1 施工进度计划应符合施工合同中工期的约定。

2 施工进度计划中主要工程项目无遗漏，应满足分批投入试运、分批启用的需要，阶段性施工进度计划应满足总进度控制目标的要求。

3 施工顺序的安排应符合施工工艺要求。

4 施工人员、工程材料、施工机械等资源供应计划应满足施工进度计划的需要。

5 施工进度计划应符合建设单位提供的资金、施工图纸、施工场地、物资等施工条件。

6.3.77 项目监理机构应根据施工合同的约定，审查施工单位提交的阶段性工程临时延期报审表和工程最终延期报审表，并应签署审核意见后报建设单位。

工程临时/最终延期报审表应按本标准附录 D 表 D.2.13 的要求填写。

6.3.78 项目监理机构批准工程延期应同时满足下列条件：

1 施工单位在施工合同约定的期限内提出工程延期。

2 因非施工单位原因造成施工进度滞后。

3 施工进度滞后影响到施工合同约定的工期。

6.3.79 阶段性工程临时延期审核后，项目监理机构应持续跟踪影响工期的事件。当事件结束，项目监理机构应对施工单位提交的工程最终延期报审表及时进行审查，并应签署工程最终延期审核意见后报建设单位。

6.3.80 施工进度计划、工程临时/最终延期报审检查评定的重要项目应符合下列要求：

1 总监理工程师应组织专业监理工程师审查施工单位报送的施工总进度计划和阶段性施工进度计划，审查的基本内容齐全，符合本标准第 6.3.76 条的规定。

2 总监理工程师应组织专业监理工程师审查施工单位提交的工程临时延期报审表和工程最终延期报审表，批准工程延期应同时满足本标准第 6.3.78 条的规定。

6.3.81 施工进度计划、工程临时/最终延期报审查评定的一般项目应符合下列规定：

1 项目监理机构应跟踪检查施工进度计划的实施情况，收集、整理、分析进度信息，发现实际进度与计划进度出现偏差时，及时指令施工单位纠正。

2 影响工期的事件结束后，项目监理机构应对施工单位提交的工程最终延期报审表及时进行审查，审查时间不超过 7 天。

XVI　工程款支付、费用索赔报审

6.3.82 项目监理机构应及时审查施工单位提交的工程款支付申请，包括工程过程进度款支付和工程竣工结算款支付，进行工程计量，并与建设单位、施工单位沟通协商一致后，由总监理工程师签发工程款支付证书。

工程款支付报审表应按本标准附录 D 表 D.2.14 的要求填写，工程款支付证书应按本标准附录 D 表 D.1.13 的要求填写。

6.3.83 项目监理机构对施工单位提交的进度付款申请应审核下列内容：

1 截至本次付款周期末已实施工程的合同价款。

2 增加和扣减的变更金额。

3 增加和扣减的索赔金额。

4 支付的预付款和扣减的返还预付款。

5 扣减的质量保证金。

6 根据合同应增加和扣减的其他金额。

6.3.84 项目监理机构应对实际完成量与计划完成量进行比较分析，发现偏差，及时提出调整建议，并在监理月报中向建设单位报告；根据施工合同，在与建设单位和施工单位协商一致后，由总监理工程师审核施工单位报送的费用索赔意向通知书、费用索赔报审表，签认后报建设单位批准。

费用索赔意向通知书应按本标准附录 D 表 D.3.2 的要求填写，费用索赔报审表应按本标准附录 D 表 D.2.15 的要求填写。

6.3.85 项目监理机构处理索赔的主要依据应包括下列内容：

1 法律法规。

2 勘察设计文件、施工合同、采购合同、工程变更单。

3 有关工程技术标准、规范、规程。

4 施工组织设计、专项施工方案、施工进度计划、建设单位和施工单位的有关文件。

5 会议纪要、监理记录、监理工作联系单、监理通知单、监理月报及相关监理文件资料。

6.3.86 工程款支付、费用索赔报审检查评定的重要项目应符合下列要求：

1 总监理工程师应组织专业监理工程师审查施工单位报送的工程款支付报审表，审核的基本内容齐全，符合本标准第6.3.83 条的规定。

2 总监理工程师审核施工单位报送的费用索赔意向通知书、提出索赔审查报告，签认费用索赔报审表后报建设单位批准。

3 项目监理机构处理索赔时，应符合本标准第 6.3.85 条的规定。

6.3.87 工程款支付、费用索赔报审检查评定的一般项目应符合下列要求：

1 项目监理机构应按要求编制月完成工程量统计表，对实际完成量与计划完成量进行比较分析，发现偏差的，应提出调整建议。

2 总监理工程师在签发索赔报审表时，应编制索赔审查报告。索赔审查报告内容包括受理索赔的日期、索赔要求、索赔过程、确认的索赔理由及合同依据，批准的索赔额及其计算方法等。

XVII 其他监理文件资料

6.3.88 其他监理文件资料是指本标准前文所列之外的文件资料，主要应包括下列内容：

1 工作联系单。

2 工程变更单。

3 工程质量评估报告。

4 单位工程竣工验收报验表。

5 监理工作总结。

6 监理文件资料移交单。

7 其他合同文件资料。

8 其他文件资料。

6.3.89 工作联系单的填写应符合下列要求：

1 适用于工程建设有关方相互之间的日常书面工作联系，包括：告知、督促、建议等事项。

2 工作联系单的接收单位可不回复。

工作联系单应按本标准附录 D 表 D.3.3 的要求填写。

6.3.90 工程变更单的填写应符合下列要求：

1 工程变更单可由施工单位提出，也可由建设单位提出。

2 总监理工程师组织专业监理工程师审查施工单位提出的工程变更申请，对工程变更费用及工期影响作出评估，提出审查意见；组织建设单位、施工单位等共同协商确定工程变更费用及工期变化，会签工程变更单，并监督施工单位按批准的工程变更文件实施。

3 总监理工程师组织专业监理工程师对建设单位要求的工程变更提出评估意见，并应督促施工单位按会签后的工程变更单组织施工。

工程变更单应按本标准附录 D 表 D.3.4 的要求填写。

6.3.91 通用的报审/报验表的填写应符合下列要求：

1 适用于除已有相应表格报审、报验事项以外的各种情况。

2 当监理单位向施工单位提出有关要求，或施工单位认为有必要报审、报验时，均可采用此表。

通用的报审/报验表应按本标准附录 D 表 D.2.16 的要求填写。

6.3.92 单位工程竣工验收报验表的填写应符合下列要求：

1 项目监理机构应审查施工单位提交的单位工程竣工验收报审表及竣工资料，组织工程竣工预验收。存在问题的，应要求施工单位及时整改；合格的，总监理工程师应签认单位工程竣工验收报审表。

2 项目监理机构应参加由建设单位组织的竣工验收，对验收中提出的整改问题，应督促施工单位及时整改。工程质量符合要求的，总监理工程师应在工程竣工验收报告中签署意见。

单位工程竣工验收报验表应按本标准附录D表D.2.17的要求填写。

6.3.93 工程质量评估报告的填写应符合下列要求：

1 工程竣工预验收合格后，项目监理机构应编写工程质量评估报告，并应经总监理工程师和工程监理单位技术负责人审核签字后报建设单位。

2 工程质量评估报告应包括下列主要内容：

1）工程概况；

2）工程各参建单位；

3）工程质量验收情况；

4）工程质量事故及其处理情况；

5）竣工资料审查情况；

6）工程质量评估结论。

工程质量评估报告应按本标准附录D表D.1.14的要求填写。

6.3.94 监理工作总结的填写应符合下列要求：

1 施工阶段监理工作结束时，监理单位应向建设单位提交监理工作总结。

2 监理工作总结应包括下列主要内容：

1）工程概况；

2）项目监理机构；

3）建设工程监理合同履行情况；

4）监理工作成效；

5）监理工作中发现的问题及其处理情况；

6）说明和建议。

监理工作总结应按本标准附录 D 表 D.1.15 的要求填写。

6.3.95 监理文件资料移交单的填写应符合下列要求：

1 监理文件资料的组卷及归档应符合相关规定。

2 项目监理机构应按合同约定向建设单位移交监理档案，并向监理单位归档。

监理文件资料移交单应按本标准附录 D 表 D.1.16 的要求填写。

6.3.96 其他监理文件资料的检查，可根据工程进展情况采用抽查的方式进行。

6.3.97 其他监理文件资料检查评定的重要项目应满足所抽查监理文件资料内容真实、签署有效的要求。

6.3.98 其他监理文件资料检查评定的一般项目应满足所抽查监理文件资料填写规范、处理及时的要求。

6.4 相关单位评价

6.4.1 对建设工程项目监理工作质量检查评定应征询服务对象和管理对象的意见，向建设单位现场代表和施工单位项目经理（或项目技术负责人）进行询问，征求有关项目监理机构在技术水平、管理能力、服务态度、职业道德方面的意见，综合给出评价结论。

6.4.2 相关单位评价结论应分为"好""一般""差"三个等级。

6.4.3 相关单位评价检查评分的重要项目应针对建设单位进行检查评定。

检查组应向建设单位征询对项目监理机构在技术水平、管理能力、服务态度、职业道德等方面的综合评价意见。

6.4.4 相关单位评价检查评分的一般项目应针对施工单位进行检查评定。

检查组应向施工单位征询对项目监理机构在技术水平、管理能力、服务态度、职业道德等方面的综合评价意见。

附录 A 建设工程项目监理工作质量检查评分汇总表

表 A 建设工程项目监理工作质量检查评分汇总表

项目名称：

检查分类	监理组织机构		工程质量及施工现场安全监理工作																			相关单位评价	
				施工现场安全监理情况	施工现场监理文件资料管理						监理实施过程及资料												
序号	1	2	3	4	5	6	7	8	9	10	11	12	13	14	15	16	17	18	19	20	21	22	23
检查内容	监理单位	项目监理机构	工程质量及施工现场安全监理工作情况			监理规划监理实施细则	施工图审查及监理图纸会审	施工组织设计专项施工方案报审	工程开工报审	施工控制测量成果报验	工程材料构配件设备报审	巡视旁站劳务备报	隐蔽工程检验批分项部工程验验	监理通知及回复分项工程报验	第一次工地会议监理例会专题会议	监理日志监理月报	安全生产管理	工程暂停复工报审工作	施工进度计划延期报审	工程付款工程临时用索赔报审	其他监理文件资料	建设单位	施工单位
应得分	30	70	90	60	10	20	20	20	20	20	20	20	20	20	20	20	15	15	15	15	10	30	20
实得分																							

总得分分率 $M = \dfrac{B}{A} \times 100\% =$ _____ %

评定等级： □优良 □合格 □不合格

检查组成员（签字）：

总监理工程师（签字）：

检查组长（签字）：

年 月 日

附录 B 建设工程项目监理工作质量分项检查评分表

表 B.1 监理组织机构检查评分表

项目名称：

年 月 日

序号	检查项目		检查标准	应得分	实得分	存在问题
1	监理单位	重要项目	资质等级与所承担的建设工程项目专业类别等级不符合工程监理企业资质管理规定的要求，扣 20 分	20		
			允许其他单位和个人以本单位的名义承担建设工程项目监理工作，扣 10 分			
			将承担的建设工程施工阶段监理工作进行转包，扣 10 分			
			与建设单位或者施工单位串通弄虚作假，降低工程质量，每发现一起扣 10 分			
		一般项目	建设工程监理合同签字、盖章不齐全，扣 5 分			
			建设工程监理合同中的服务范围和内容、总监理工程师、签约酬金、期限以及平行检查验内容填写不完整，缺少一项扣 2 分			
			监理单位未对所属项目监理机构每三个月巡回检查一次，缺少一次扣 2 分			
2	项目监理组织机构	重要项目	项目监理机构人员的最低配置不符合表 3.1.4 的规定，扣 10 分	40		
			项目监理机构人员的执业资格不符合建设工程监理合同的约定，每发现一人，扣 10 分			
			监理人员的数量不符合建设工程监理合同的要求，每发现少一人，扣 10 分			
			总监理工程师不具备注册监理工程师资格，扣 10 分			
			总监理工程师未在有关主管部门登记备案，扣 5 分			
			总监理工程师未常驻建设工程项目施工现场履行职责，扣 10 分			
			总监理工程师调换未征得建设单位书面同意，并在有关主管部门重新登记备案，扣 10 分			
			专业监理工程师所负责的专业与所承担的建设工程项目具有的主要专业不匹配，扣 10～15 分			
			专业监理工程师印章的使用未经过监理单位法定代表人的授权，扣 10 分			
			项目监理机构未得到建设单位书面确认，扣 10 分			

62

续表 B.1

序号	检查项目		检查标准	应得分	实得分	存在问题
2	项目监理组织机构	一般项目	一名注册监理工程师担任多项建设工程监理合同的总监理工程师时，未经建设单位的书面同意，扣5分 一名注册监理工程师担任多项建设工程施工现场总监理工程师，超过三项，扣5分 总监理工程师在建设工程项目的总监理工程师工作的天数低于合同约定，扣5分 同一个建设工程项目的总监理工程师在监理合同期限内变更监理工程师一次，扣5分 总监理工程师代表的设置未经法定代表人书面同意和总监理工程师的书面授权，扣5分 监理人员数量不满足建设工程监理工作的需要，低于监理规划中人员进退场计划的50%，扣5分 建设工程项目主要专业监理工程师兼任其他建设工程监理合同的监理工作，每一人扣5分 监理员的配备不满足监理工作需要，扣5分 监理员兼任其他建设工程监理合同的监理员，每一人扣5分 监理规划中列明的监理设施设备配置到施工现场监理工作所需的种类和数量不足50%，扣5分 施工现场监理办公室未配备建设工程项目监理工作所需的标准、规范、规程、图集等技术资料，扣3～5分 施工现场监理办公室配备主要技术资料不足纸质质的，扣3～5分 施工现场监理办公室未进行办公室标准化布置、企业标识、岗位职责、监理制度、监理工作信息表、台账未上墙的，每缺少一项扣2分	30		

检查项目合计	重要项目	应得分：		实得分：		
	一般项目	应得分：		实得分：		
	应得分			100		
重要项目得分分率：		□ 本分项检查评分计入总分				
一般项目得分分率：		□ 本分项检查评分不计入总分				

63

表 B.2　工程质量及施工现场安全的监理情况检查评分表

项目名称：　　　　　　　　　　　　　　　　　　　　　　　　　　　　　　年　　月　　日

序号	检查项目		检查标准	应得分	实得分	存在问题
3	工程质量监理情况	重要项目	对施工单位违反现行国家标准、规范、规程中有关工程质量方面强制性条文的问题，未识别，无相关指令发出，每一处扣 10 分； 对所发现的施工单位违反现行国家标准、规范、规程中有关工程质量方面强制性条文问题，未督促施工单位整改，每一处扣 5 分	50		
		一般项目	对施工单位违反现行国家标准、规范、规程中有关工程质量方面一般条文的问题，未识别，无相关指令发出，每一处扣 4 分； 对所发现的施工单位不按经批准的施工方案进行施工的问题，未督促施工单位整改，每一处扣 3 分； 对所发现的施工单位不按经批准的施工方案进行施工的问题，未督促施工单位整改，每一处扣 2 分	40		

续表 B.2

序号	检查项目		检查标准	应得分	实得分	存在问题
4	施工现场安全	重要项目	对施工单位违反现行国家标准、规范、规程中有关施工现场安全方面强制性条文的问题，无相关指令发出、未识别，每一处扣 8 分 对施工单位不按经批准的危险性较大的分部分项工程专项施工方案进行施工的问题，无相关指令发出、未识别，每一处扣 8 分 对所发现的施工单位不按经批准的危险性较大的分部分项工程专项施工方案进行施工的，未督促施工单位整改，每一处扣 4 分 对所发现施工单位不按经批准的危险性较大的分部分项工程专项施工工的，未督促施工单位整改，直至符合要求的	40		
	监理情况	一般项目	对施工单位违反现行国家标准、规范、规程中有关施工现场安全方面一般条文的问题，无相关指令发出、未识别，每一处扣 5 分 对施工单位不按经批准的专项施工方案进行施工的问题，每一处扣 4 分 对所发现问题，未督促施工单位施工的，每一处扣 3 分 对所发现的施工单位不按经批准的专项施工方案进行施工的，未督促施工单位整改，直至符合要求的，每一处扣 2 分	20		
检查项目合计	重要项目 应得分： 实得分： 一般项目 应得分： 实得分：		重要项目得分率： □ 本分项检查评分表得分计入总分 □ 本分项检查评分分表得分不计入总分	150		

65

项目名称：

表 B.3 监理实施过程及资料检查评分表

年　　月　　日

序号	检查项目		检查标准	应得分	实得分	存在问题
5	施工现场监理文件资料管理	重要项目	无监理文件资料岗位责任制及资料管理制度，扣 2 分 未设专人管理现场监理文件资料，扣 2 分 文件资料内容的真实性、完整性、有效性不足，不符合相关规定，扣 2～3 分 项目监理机构接收的文件资料，复印件上无发出单位印章，无经办人签字及日期，扣 2～3 分 文件资料的收集、整理、组卷、移交不符合本标准附录 C 的规定，扣 2～3 分	7		
		一般项目	随意修改，未实行划改，无划改人签署，扣 1～2 分 文字、图表，印章不清晰，扣 1～2 分 填写、编制、审核、签署不及时，扣 1～2 分 未采用统一的文件资料盒（夹）收纳，扣 1 分 未使用可上锁的文件柜进行储存，堆放混乱，扣 1 分	3		

续表 B.3

序号	检查项目		检查标准	应得分	实得分	存在问题
6	监理规划	重要项目	监理规划的内容不齐全，不符合本标准第 6.3.6 条的规定，扣 2～3 分 监理规划中监理工作内容、程序、方法措施，制度与建设工程项目实际不符，省导性和针对性不足，扣 2～3 分 监理规划中未明确各监理岗位人员姓名及职责分工，扣 2 分 监理规划中无各阶段人员进场计划，扣 2 分 监理规划中无安全生产管理工作的相关内容，扣 2 分	10		
	监理实施细则		监理实施细则编审程序不符合要求，扣 2 分 监理实施细则内容不齐全，不符合本标准第 6.3.10 条的规定，扣 2～3 分 监理实施细则与建设工程项目实际情况不符，扣 2～3 分 未对专业性较强和危险性较大的分部分项工程编制监理实施细则，每缺一项扣 2 分 建设工程项目采用新材料、新工艺、新技术、新设备时，未编制相应的监理实施细则，每缺一项扣 2 分			
		一般项目	监理实施细则编制时间在收到工程设计文件之前，扣 2 分 监理规划未在本次工地会议召开之前报送建设单位，扣 2 分 当工程实际情况或施工条件发生变化，监理规划未及时调整和修改，扣 2 分 监理实施细则在收到施工组织设计、（专项）施工方案之前编制，未在相应工程开始施工前完成，每发现一项扣 2 分 监理实施细则未随工程进展需要修改、补充，每发现一项扣 2 分 当工程发生变化导致原监理实施细则所确定的工作流程、方法和措施需要调整时，未及时对监理实施细则进行补充、修改，扣 2 分	10		

续表 B.3

序号	检查项目		检查标准	应得分	实得分	存在问题
7	施工图审查及图纸会审	重要项目	项目监理机构收集的施工图审查报告及施工图审查意见、各专业鉴字不齐全、未加盖单位印章，无效，扣4分 施工图会审和设计交底会议纪要变建设单位代表、设计单位各专业负责人、施工单位项目经理或项目技术负责人和总监理工程师未及时共同鉴字确认，扣4分 建设项目或监理项目出现分阶段施工时，未参加由建设单位分别组织的图纸会审和设计交底的，扣3分 建设工程项目有专业分包时，且专业分包单位出具的施工图深化图纸按规定需进行施工图审查的，项目监理机构未及时收集施工图审查报告和时审查报告的回复意见，扣3分 建设工程发生重大设计变更时，未参加由建设单位重新组织图纸会审会设计交底会议，扣3分 施工单位采用鉴字不全、无出图章等无效的设计文件、勘察资料或者设计单位未对施工图审查报告中提出的问题予以回复的设计文件就进行施工，项目监理机构未及时制止，并向建设单位报告，扣2~4分	10		
		一般项目	监理人员未将需在图纸会审中提出的意见汇总形成书面记录，并报建设单位，扣3分 当项目监理机构发现图纸会审和设计交底会议纪要未完成或变更会签手续即开始施工时，未及时向建设单位报告，督促完成相应会签手续，扣3分 项目监理机构发现工程设计文件中存在不符合建设工程质量标准或合同约定的质量要求时，未通过过程提出书面意见或建议向设计单位或向建设单位提出书面意见或建议，扣2~4分	10		

续表 B.3

序号	检查项目		检查标准	应得分	实得分	存在问题
8	施工组织设计	重要项目	施工组织设计中编审程序不符合相关规定，未识别，扣3分 施工组织设计中的工程质量保证措施、安全技术措施不符合工程建设强制性标准要求，未识别，扣3~5分 施工组织设计中的施工进度、施工方案及工程质量保证措施施工不符合合同要求，未识别，扣2~4分 （专项）施工方案的编审程序不符合相关规定要求，未识别，扣2~4分 （专项）施工方案中的工程质量保证措施、安全技术措施施工不符合工程建设强制性标准，安全技术措施施工不符合工程建设强制性标准，未检查施工单位组织编制的专项施工方案，未检查施工单位组织专项施工方案，未检查所附具安全验算结果的情况，扣2~4分 超过一定规模的危险性较大的分部分项工程的专项施工方案，未组织专家进行论证、审查的情况，扣2~4分 超过一定规模的危险性较大的分部分项工程的专项施工方案，未检查所附具安全验算结果的情况，扣2~4分	10		
		专项施工方案报审 一般项目	施工组织设计中的资金、劳动力、材料、设备资源供应计划不满足工程施工需要，未识别，扣2~4分 施工组织设计中的施工总平面布置科学合理性较差，未识别，扣2~4分 监理机构、专业分包单位编制的施工组织设计、（专项）施工方案未经施工单位审查即报送项目监理机构，未识别，扣2分 专业分包单位编制的施工组织设计、（专项）施工方案中未附分包单位内审表，未识别，扣2分 单位的内审程序不符合相关规定要求，未识别，扣2分 当施工质量认证材料和相关验收标准中采用新材料、新工艺、新技术、新设备时，项目监理机构未审查其质量认证材料和相关验收标准的适用性，新材料、新工艺、新技术、新设备，施工单位未按规定组织专题论证，未识别，扣2分 对于施工中采用的新材料、新工艺、新技术、新设备，施工单位在施工中采用新材料、新工艺、新技术、新设备，扣2分	10		

续表 B.3

序号	检查项目		检查标准	应得分	实得分	存在问题
9	工程开工报审	重要项目	单位工程开工令在施工图设计交底和图纸会审未完成即发出，扣 2 分 单位工程开工令在施工组织设计由总监理工程师签认即发出，扣 2 分 单位工程开工时对施工现场质量、安全生产管理体系的建立、主要管理人员及施工人员的到位情况，未进行审查，即发出开工令，扣 2 分 单位工程开工时对大型施工机械设备使用条件的具备情况、前期所需主要工程材料的落实情况，未进行审查，即签发开工令，扣 2 分 单位工程开工时对项目监理机构对现场临时设施、进场道路、水、电、通讯的落实情况未进行检查，即签发开工令，扣 2 分 分包工程开工、项目监理机构未审查分包单位及施工现场质量安全生产管理组织机构、管理规章制度及专职管理人员和特种作业人员的资格，扣 2 分 分包工程开工前、项目监理机构对施工单位报送的（专项）施工方案未进行审查、并予以签认，扣 2 分 对未进行分包工程开工报审或者审查不符合规定的，未及时向施工单位发出监理通知、拒绝分包单位进入施工现场，并向建设单位报告，扣 2 分 项目监理机构发现违反分包有属于转包、肢解分包、违法分包等情况的，未向建设单位报告，扣 2 分 项目监理机构签字同意不符合有关规定或合同约约定分包单位进场施工，扣 2 分	10		
		一般项目	对满足部分开工条件的单位工程，经建设单位批准，确需进行开工的，未要求施工单位在指定的期限内完善相应工作，扣 2 分 总监理工程师在接到工程开工日期 7 天前向施工单位发出开工令，无核抵会审纪要的会签页、施工组织设计的审查页、施工现场质量安全生产管理体系报审表、设施报审表，扣 2~4 分 分包单位不符合资料不齐全，施工机械、合同价审不符合建设施工合同约定，施工机具具备使用条件，主要工程材料进场证，未识别，扣 2 分 监理机构未审核分包工报审表的证明文件资料不齐全，无分包单位资格报审表、分包施工合同，扣 2~4 分 质量安全生产管理体系报审表、主要工程材料落实情况，施工现场质量	10		

70

序号	检查项目		检查标准	应得分	实得分	存在问题
10	施工控制测量成果报验	重要项目	未对整个工程项目和单位工程的控制测量成果进行复核，无独立的复核记录，扣 2～4 分 未对施工单位专业测量人员资格证书进行检查，扣 2 分 测量设备的名称、型号、编号、检定等检定证书的内容不符合有关规定，未识别，扣 2 分 未对平面、高程控制测量的控制测量依据资料、控制测量成果表（含平差计算表）及附图进行审查，扣 2～4 分 未对定位放样的放样依据、放样成果表及附图进行审查，扣 2～4 分	10		
		一般项目	未对施工单位在施工过程中报审的施工测量放线成果进行检查复核，扣 2～4 分 对施工单位不按编制的施工测量放线方案进行施工测量放线工作，未识别，扣 2 分 测量精度不满足工程项目要求，未识别，扣 2～4 分 无对控制桩的保护措施检查的记录，扣 2 分	10		

71

续表 B.3

序号	检查项目		检查标准	应得分	实得分	存在问题
11	工程材料构配件设备报审	重要项目	用于工程的材料、构配件、设备，其规格、品种、批次、数量不符合相关标准和合同的规定，未识别，扣3～5分 未按照有关主管部门的要求和建设工程监理合同约定对用于工程的材料、构配件、设备进行平行检验，扣2～4分 对按规定应进行报审的工程材料、构配件、设备，项目监理机构对施工单位未报审前而施工单位未报审的工程上，扣2～4分 未下达监理通知单，未要求施工单位不得用于工程上，扣2～4分 对已进场经检验不合格的工程材料、构配件、设备，未要求施工单位限期将其撤出施工现场，扣2～4分	10		
		一般项目	对施工单位报审的工程材料、构配件、设备，未及时进行审查的，扣2～3分 项目监理机构的见证取样、平行检验的频率不符合本标准第3.1.8条规定，扣2～3分 平行检验的频率不符合本标准表3.1.8的质量证明文件不齐全，设备报审，无出厂合格证，质量检验报告、性能检测报告、施工单位的质量抽检报告，未识别，扣2～3分 由建设单位采购的大型设备、进口设备进场时，未进行三方见证开箱验收，无三方会签的开箱验收记录，扣2～3分	10		

72

续表 B.3

序号	检查项目		检查标准	应得分	实得分	存在问题
12	巡视	重要项目	巡视点位未能满足监理工作需要和覆盖整个施工区域，扣2～4分 巡视频率不符合本标准3.1.5的要求，扣2～4分 将影响工程主体结构安全的，完工后无法检测其质量的、返工会造成较大损失的部位及其施工过程作为旁站的关键部位，关键工序时，有遗漏，扣2～4分 未按旁站监理方案和相关规定进行旁站，扣2～4分	10		
	旁站	一般项目	巡视记录内容不完整、不符合本标准第6.3.40条的规定，扣2～4分 旁站监理记录内容真实性不足，与现场实际情况不符，扣2～4分 旁站监理记录内容不完整，不符合本标准第6.3.41条的规定，扣2～4分	10		

73

续表 B.3

序号	检查项目		检查标准	应得分	实得分	存在问题
13	隐蔽工程检验批	重要项目	发现施工单位私自覆盖工程隐蔽部位，未要求施工单位对已覆盖的工程隐蔽部位进行钻孔探测、剥离或其他方法重新检验，扣3～5分	10		
			对需要返工处理的质量缺陷，项目监理机构未要求施工单位报送处理方案，并对处理结果进行验收，扣3～5分			
			对需要加固补强的质量缺陷，项目监理机构未要求施工单位报送经设计单位认可的处理方案，并对处理结果进行验收，扣3～5分			
			缺陷的处理过程进行跟踪检查，对处理结果未要求施工单位进行验收，并按验收或实体检验、试验结果签认意见，扣3～5分			
			对验收不合格的隐蔽工程质量控制资料的实体检验或抽样试验，未委托有资质的检测机构按有关标准进行相应的实体检验或抽样试验，扣3～5分			
	分项工程分部工程报验	一般项目	未按规定组织隐蔽工程、检验批、分项工程和分部工程的验收，并予以签认，不符合本标准第6.3.44条、第6.3.45条的规定，扣2～4分	10		
			隐蔽工程、检验批、分项工程未经验收即进入下一道工序，无监理指令，扣2～4分			
			未要求进行重新验收，扣2～4分			
			对验收不合格的隐蔽工程、检验批、分项工程、分部工程，未拒绝签认，要求施工单位在规定的时间内整改并重新验收，扣2～4分			
			报验资料与工程实际不同步，或报验资料之间逻辑关系错误，未识别，扣2～4分			

74

续表 B.3

序号	检查项目			检查标准	应得分	实得分	存在问题
14	监理通知单及回复	重要项目		对施工单位违反强制性条文而造成的质量问题，未及时签发监理通知单要求施工单位整改，扣 3~5 分	10		
				对隐蔽工程、检验批、分项工程和分部工程验收不合格的，未及时签发监理通知单要求施工单位整改，扣 3~5 分			
				对施工单位未按危险性较大的分部分项工程专项施工方案实施的，未及时签发监理通知单要求施工单位整改，扣 3~5 分			
		一般项目		巡视检查中发现存在质量问题和安全隐患时，未及时签发监理通知单要求施工单位整改，扣 2~4 分			
				未按施工单位按照监理通知单要求进行整改的情况进行复查、填写复查意见，扣 2~4 分			
				未要求施工单位对监理通知单提出的问题，逐条整改并予以回复，出现不闭合的情况，扣 2~4 分			
15	会议	重要项目	第一次工地会议	总监理工程师未参加第一次工地会议，扣 4 分	10		
				主要监理人员未参加第一次工地会议，扣 2~4 分			
				总监理工程师未对施工准备情况提出意见和要求，扣 2 分			
				第一次工地会议上未确定监理例会的时间、地点、参加人员和主要议题，扣 2 分			
			监理例会	第一次监理例会上未介绍监理规划的主要内容，扣 2 分			
				总监理工程师主持监理例会的比例低于 30%，扣 2~4 分			
			专题会议	项目监理机构参加监理例会人员的比例少于监理人员总数的 50%，每次扣 2 分			
				监理机构相关人员缺席其他单位组织的专题会议，每次扣 2 分			

续表 B.3

序号	检查项目		检查标准	应得分	实得分	存在问题
15	第一次工地会议	一般项目	第一次工地会议、监理工地例会、专题会议纪要未经与会各方会签，扣 2 分 第一次工地会议、监理工地例会、专题会议无人员签到表，扣 2 分 第一次工地会议纪要的内容不齐全，不符合本标准第 6.3.52 条的规定，扣 2 分	10		
	监理例会		项目监理机构未按第一次工地会议时商定的监理例会周期和参加人员召开监理例会、随意变更监理例会时间，扣 2 分 监理例会纪要的发出时间超过 48 小时，每次扣 2 分 未对监理例会原始记录进行整理形成会议纪要，每次扣 2 分			
	专题会议		监理例会纪要的内容不齐全，不符合本标准第 6.3.53 条的规定，每次扣 2 分 监理相关人员未主持由项目监理机构提出召开的专题会议，每次扣 2 分			
16	监理日志	重要项目	监理日志的内容不能真实反映工程情况和监理情况，弄虚作假，扣 3～5 分 监理日志与其他监理文件资料相互不一致，可追溯性差，扣 2～4 分 监理日志漏记重要监理信息内容，不符合本标准第 6.3.57 条的规定，扣 2～4 分 监理月报的内容不能真实反映工程情况和监理情况，不能闭合，扣 2～4 分 监理月报与其他监理文件资料相互不一致，不能闭合，可追溯性差，扣 2～4 分 未将监理月报按合同约定及时向建设单位和监理单位提交，扣 2～4 分	10		
	监理月报	一般项目	监理日志由监理员在负责编写，扣 2 分 项目监理机构除暂停施工外，未每日编写监理日志，扣 2 分 总监理工程师审阅监理日志时间间隔超过一周，扣 2 分 监理日志分册保存系统性、完整性差，不符合本标准第 6.3.58 条的规定，扣 2 分 监理月报的编审不符合规定，扣 2 分 项目监理机构未每月编写监理月报，间隔时间超过两个月，扣 2 分	10		

续表 B.3

序号	检查项目			检查标准	应得分	实得分	存在问题
17	安全生产管理的监理	重要项目		未对施工组织设计中的安全技术措施或者危险性较大的分部分项工程安全专项施工方案是否符合工程建设强制性标准进行审查，扣3分	9		
				对超过一定规模危险性较大的分部分项工程专项施工方案，未检查施工单位是否组织专家进行论证、是否对专家意见进行了修改完善，扣3分			
				在实施监理过程中，发现工程存在安全事故隐患的，未发监理通知单，要求施工单位整改，扣3分			
				对发现的工程中存在的严重安全事故隐患，未及时报告建设单位，并签发工程暂停令，扣3分			
				施工单位拒不整改或者不停止施工的，未及时向有关主管部门报送相关监理报告，扣3分			
		一般工作项目		在监理规划中未制定有安全生产管理的监理工作内容、流程、方法和措施，扣2分	6		
				未编制危险性较大的分部分项工程安全生产监理实施细则，扣2分			
				未审查施工单位现场安全生产规章制度的建立及落实情况，扣2分			
				未审查施工单位安全生产许可证及施工单位项目经理、专职安全生产管理人员的到岗履职情况，扣2分			
				未检查施工机械设备和施工起重机具的生产（制造）许可证、产品合格证、验收手续，扣2分			
				检测证明合格文件及备案登记情况，扣2分			
				无巡视检查施工单位已批准的安全专项施工方案组织施工的安全检查记录，扣2分			
				未定期检查危险性较大的分部分项工程施工作业情况，并形成检查记录，扣2分			

77

续表 B.3

序号	检查项目		检查标准	应得分	实得分	存在问题
	重要项目	工程暂停	当发生本标准第 6.3.69 条中任一种情况或几种情况时，总监理工程师未及时签发工程暂停令，扣 3 分 工程暂停令、工程复工令的发出未事先征得建设单位的同意，扣 3 分 施工单位拒不暂停施工的，未向建设单位报告，3 分 施工单位拒不暂停施工的，未及时向有关主管部门报送监理报告，扣 5 分	9		
18	一般项目	工程复工报审	工程暂停令未明确规定停工的具体范围和要求，扣 3 分 紧急情况下，总监理工程师签发工程暂停令未征得建设单位同意的，事后未及时向建设单位作出书面报告，扣 3 分	6		

78

序号	检查项目		检查标准	应得分	实得分	存在问题
19	施工进度计划	重要项目	施工单位报送的施工总进度计划和阶段性施工进度计划，基本内容不齐全，不符合本标准第 6.3.76 条的规定，未识别，扣 3～5 分 施工单位提交的工程临时延期报审和工程最终延期报审表，未同时满足本标准第 6.3.78 条的规定，未识别，扣 3～5 分	9		
	工程临时最终延期报审	一般项目	项目监理机构未跟踪检查施工进度计划的实施情况，及时判偏、导致与计划进度产生较大偏差，扣 3 分 影响工期的事件结束后，项目监理机构对施工单位提交的工程最终延期报审表未及时进行调查、审查时间超过合同约定，扣 3 分	6		
20	工程款支付	重要项目	施工单位报送的工程款支付报审表，审核的内容不齐全，不符合本标准第 6.3.83 条的规定，未识别，扣 3～5 分 总监理工程师审核施工单位报送的费用索赔意向通知书，未编制索赔审查表，扣 3～5 分	9		
	费用索赔报审	一般项目	项目监理机构处理施工单位索赔时，不符合本标准第 6.3.85 条的规定，扣 3 分 项目监理机构未按要求编制月完成工程量统计表，未对实际完成量与计划完成量进行比较分析，出现较大偏差，未识别，扣 3 分 总监理工程师在签发索赔报审表时，所附的索赔审查报告内容不全，扣 3 分	6		

续表 B.3

序号	检查项目			检查标准	应得分	实得分	存在问题
21	其他监理文件资料	重要项目		根据工程进展情况抽查联系单、工程变更单、工程质量评估报告、单位工程竣工验收报验表、监理工作总结、监理文件资料移交单及其他合同文件资料，签署无效、每项资料扣 1～2 分	7		
		一般项目		根据工程进展情况抽查联系单、工程变更单、工程质量评估报告、单位工程竣工验收报验表、监理工作总结、监理文件资料移交单及其他合同文件资料，填写不规范、处理不及时，每项资料扣 1～2 分	3		
检查项目合计	重要项目	应得分：	实得分：	重要项目得分率：	300		
	一般项目	应得分：	实得分：	□ 本分项检查评分表得分计入总分 □ 本分项检查评分分表得分不计入总分			

表 B.4 相关单位评价检查评分表

项目名称：

<table>
<tr><td colspan="3" rowspan="2">年 月 日</td><td>应得分</td><td>实得分</td><td>存在问题</td></tr>
<tr><td></td><td></td><td></td></tr>
<tr><td>序号</td><td>检查项目</td><td>检查标准</td><td></td><td></td><td></td></tr>
<tr><td rowspan="2">22</td><td>建设单位 重要项目</td><td>对项目监理机构在技术水平、管理能力、服务态度、职业道德各方面的评价，每有一项评定为"一般"，扣4分</td><td rowspan="2">30</td><td></td><td></td></tr>
<tr><td>一般项目</td><td>对项目监理机构在技术水平、管理能力、服务态度、职业道德各方面的评价，每有一项评定为"差"，扣8分</td><td></td><td></td></tr>
<tr><td rowspan="2">23</td><td>施工单位 重要项目</td><td>对项目监理机构在技术水平、管理能力、服务态度、职业道德各方面的评价，每有一项评定为"一般"，扣3分</td><td rowspan="2">20</td><td></td><td></td></tr>
<tr><td>一般项目</td><td>对项目监理机构在技术水平、管理能力、服务态度、职业道德各方面的评价，每有一项评定为"差"，扣5分</td><td></td><td></td></tr>
<tr><td colspan="2" rowspan="2">检查项目合计</td><td>重要项目 应得分： 实得分：
一般项目 应得分： 实得分：
重要项目得分率：
□ 本分项检查评分表得分计入总分
□ 本分项检查评分表得分不计入总分</td><td>50</td><td></td><td></td></tr>
</table>

附录 C 建设工程项目现场监理文件资料的组卷

C.1 组卷原则

C.1.1 工程监理文件资料组卷应遵循自然形成规律，并保持卷内文件资料的内在联系，工程资料可根据数量多少组成一卷或多卷。

C.1.2 工程监理文件资料应按单位工程、分部工程、工程专业、实施阶段等进行组卷，当文件资料中部分内容不能按一个单位工程分类组卷时，可按建设工程项目组卷。

C.1.3 工程监理文件资料组卷应编制封面、脊背、卷内目录，其格式及填写要求应按《建筑工程资料管理规程》和《建设工程文件归档整理规范》的有关规定执行。

C.2 组卷内容

C.2.1 第一卷：建设工程项目基本资料，卷号：A-1，A-2，A-3，…，应包括下列主要内容：

    1 建设工程监理合同及中标通知书。

    2 建设工程施工合同及其他合同。

    3 岩土工程勘察报告。

    4 建设工程施工许可证及其附件。

    5 工程质量安全监督备案登记资料。

6 监理企业营业执照、资质证书。

7 项目监理组织机构人员注册证书、执业资格证书。

8 总监理工程师任命书、总监理工程师质量终身责任承诺书。

9 总监代表授权书以及过程人员变更资料。

10 项目监理机构印章使用授权书。

11 施工单位资质报审资料及营业执照、资质等级证书、安全生产许可证、项目经理部相关专业人员岗位证书等附件。

12 分包单位资格报审表及营业执照、、资质等级证书、安全生产许可证、项目经理部相关专业人员岗位证书等附件。

13 项目经理任命书、施工项目经理质量终身责任承诺书。

14 项目经理部主要管理人员变更资料。

15 项目经理部印章使用授权书。

16 施工图审查合格报告以及设计单位对审查报告的回复文件。

17 设计交底、图纸会审会议纪要、设计变更通知单。

18 施工组织设计。

19 施工现场质量安全生产管理体系报审表及附表施工现场质量安全生产管理体系审查记录表。

20 工程开工前的原貌影像资料。

21 施工现场移交单。

22 其他有关工程文件。

C.2.2 第二卷:项目监理机构管理资料,卷号:B-1,B-2,B-3,…,

应包括下列主要内容：

1 监理规划。

2 监理实施细则。

3 旁站记录。

4 监理日志。

5 监理月报。

6 监理工作总结以及专题总结、阶段总结。

7 工作联系单及来往函件。

8 第一次工地会议、监理例会、专题会议等会议记录。

9 监理台账，包括监理设施台账、监理技术资料台账、旁站监理台账、进场材料设备报验台账、收发文簿等。

10 监理文件资料移交单。

11 有关工程质量的照片及声像资料，应注明拍摄时间、地点、简要文字说明。

12 其他监理资料。

C. 2. 3 第三卷：工程质量控制资料，卷号：C-1，C-2，C-3，…，应包括下列主要内容：

1 施工方案、质量技术措施及监理审查资料。

2 施工控制测量成果报验表及测量放线成果表和附图、所用仪器的计量检定证明书、测量人员资格证书等附件。

3 见证取样、送检人员备案表及见证试验检测汇总表。

4 工程材料、构配件、设备报审表及出厂质量证明文件和检测报告、见证取送样单、进场检验记录、进场复试报告等附件。

5 混凝土浇筑令，拆模、拆架申请及监理审查意见。

6 工程质量报审/报验单及附件。

7 隐蔽工程/检验批/分项工程报验表。

8 工程质量监理工程师通知单及工程质量监理通知回复单。

9 工程质量监理报告。

10 建设工程质量事故调查、勘查记录。

11 工程质量问题（事故）报告单及工程质量问题（事故）处理方案。

12 质量事故报告及处理资料。

13 检验批、分项工程、分部（子分部）、建筑节能分部等工程质量验收记录。

14 施工试验记录及检测报告，包括应由专业检测单位提供的检测报告及施工单位在施工中编写的试验记录。

15 混凝土试验强度汇总表。

16 分部工程报验表及分部工程质量控制资料核查记录、有关安全、节能、环境保护和主要使用功能的抽样检验记录、观感质量检查记录等附件。

17 单位工程竣工验收报审表及单位（子单位）工程质量控制资料核查记录、单位（子单位）工程安全和功能检验资料核查及主要功能抽查记录、单位（子单位）工程观感质量检查记录等附件。

18 规划、消防、环保等部门出具的认可文件或准许使用文件。

19 工程质量评估报告。

C.2.4 第四卷：安全生产监理资料，卷号：D-1，D-2，D-3，…，应包括下列主要内容：

1 施工单位法定代表人、项目经理、技术负责人、专职安全生产管理人员的资格证，特种作业人员上岗证及监理审查资料。

2 专项施工方案、安全技术措施、施工单位现场应急救援预案及监理审查资料。

3 危险较大的分部分项工程施工方案、危险性较大分部分项工程施工方案专家论证表及监理审查资料。

4 安全监理工程师通知单及安全监理通知回复单。

5 安全检查记录。

6 施工安全监理报告。

7 现场安全交底记录汇总表及监理审查意见。

8 施工机械、设施报审表及附件。

9 建设工程安全事故（问题）报告书及处理资料（调查、勘察）。

10 施工安全报审/报验单及附件。

11 其他施工安全施工资料。

C.2.5 第五卷：工程进度、造价控制及合同管理资料，卷号：E-1，E-2，E-3，…，应包括下列主要内容：

1 施工进度计划报审表附进度计划。

2　工程开工报审表、工程开工令。

3　工程临时/最终延期报审表。

4　工程款支付报审表。

5　工程款支付证书。

6　工程暂停令。

7　工程复工报审表。

8　工程复工令。

9　索赔意向通知书。

10　工程变更单。

11　费用索赔报审表及附件。

12　技术核定单、技术经济签证核定单、及完成确认单。

13　其他合同变更、合同争议、违约报告及处理意见。

附录 D 监理单位及相关单位用表

D.1 监理单位用表包括下列内容:

表 D.1.1　　　总监理工程师任命书

表 D.1.2　　　项目监理机构印章使用授权书

表 D.1.3　　　监理规划

表 D.1.4　　　监理实施细则

表 D.1.5　　　工程开工令

表 D.1.6　　　旁站记录

表 D.1.7　　　监理通知单（质量/安全）

表 D.1.8　　　监理日志

表 D.1.9　　　监理月报

表 D.1.10　　 工程暂停令

表 D.1.11　　 工程复工令

表 D.1.12　　 监理报告（质量/安全）

表 D.1.13　　 工程款支付证书

表 D.1.14　　 单位工程质量评估报告

表 D.1.15　　 监理工作总结

表 D.1.16　　 监理文件资料移交单

D.2 施工单位用表包括下列内容：

D.3 共用表包括下列内容:

D.1 监理单位用表

表 D.1.1 总监理工程师任命书

工程名称： 编号：

致：_____（建设单位）

　　兹任命_____（注册监理工程师注册

号：_____）为我单位_____

项目总监理工程师。负责履行建设工程监理合同、主持项目监理机构工作。

附件：（1）身份证复印件
　　　（2）注册证书复印件

　　　　　　　　　　　　　　　　　　监理单位（印章）

　　　　　　　　　　　　　　　　　　法定代表人（签字）：_____

　　　　　　　　　　　　年　　　月　　　日

注：本表一式三份，建设单位、施工单位、项目监理机构各一份。

表 D.1.2 项目监理机构印章使用授权书

工程名称： 　　　　　　　　　　　　　　　　　 编号：

致： _____（建设单位）

_____（施工单位）

_____（其他有关单位）

　　根据与 _____（建设单位）签订的工程项目《建设工程监理合同》，我单位成立_____项目监理机构，为了便于项目监理机构施工现场工作的开展，决定于_____年_____月_____日起启用项目监理机构印章。该项目监理机构印章仅用于项目监理机构施工现场发文、分部工程以下的验收及相关工程文件资料，用于分部工程（含分部工程）以上的验收及签证、经济合同无效。

该项目监理机构印章授权截止日期为监理合同终止之日或施工现场监理工作全部完成之日。

印章模

监理单位（印章）

法定代表人（签字）： _____

年　　月　　日

　　注：本表一式多份，建设单位、施工单位、其他有关单位、项目监理机构各一份。

表 D.1.3　监理规划

_____工程

监 理 规 划
（第_____版）

主要内容
工程概况
监理工作范围、内容、目标
监理工作依据
监理组织形式、人员配备及进退场计划、岗位职责
监理工作制度
工程质量控制
工程造价控制
工程进度控制
安全生产管理的监理工作
合同与信息管理
组织协调
监理工作设施

总监理工程师（签字）：_____
单位技术负责人（签字）：_____
监理单位（印章）：_____
编制日期：_____年_____月_____日

表 D.1.4 监理实施细则

_____工程

监理实施细则
（第_____版）

主要内容
专业工程特点
监理工作流程
监理工作要点
监理工作方法及措施

专业监理工程师（签字）：_____

总监理工程师（签字）：_____

项目监理机构（印章）：_____

编制日期：_____年_____月_____日

表 D.1.5　工程开工令

工程名称：　　　　　　　　　　　　　　　　编号：

致：_____（施工单位）

　　经审查，_____工程已具备施工合同约定的开工条件，现同意你方开始施工，开工日期为：_____年____月____日。

　　附件：工程开工报审表（编号：_____ ）

项目监理机构（印章）
总监理工程师（签字、执业印章）：_____
　　　　　　　年　　　月　　　日

注：本表一式三份，施工单位、建设单位、项目监理机构各一份。

95

表 D.1.6 旁站记录

_____工程

旁 站 记 录
（第_____册）

主要内容
日期及气候
旁站的关键部位或关键工序
旁站起止时间
施工情况
发现问题
处理情况

总监理工程师（签字）:
项目监理机构（印章）:

年____月____日至_____年____月____日

日期及气候			施工单位		
旁站的关键部位或关键工序					
旁站开始时间	年　月　日　时　分		旁站结束时间	年　月　日　时　分	

施工情况：

发现问题：

处理情况：

备注：

旁站监理人员（签字）：＿＿＿＿＿＿＿＿

年　　　月　　　日

表 D.1.7 监理通知单（质量/安全）

工程名称：　　　　　　　　　　　　　　　　编号：

致：＿＿＿＿＿＿＿＿＿＿＿＿＿＿＿＿＿＿＿＿（施工单位）

事由：

内容：

要求：

项目监理机构（印章）

总/专业监理工程师（签字、执业印章）：＿＿＿＿＿＿

年　　　月　　　日

注：本表一式三份，施工单位、建设单位、项目监理机构各一份。

表 D.1.8 监理日志

_____工程

监 理 日 志
（第_____册）

主要内容

天气和施工环境情况

当日施工进展情况

当日监理工作情况

当日存在的问题及处理情况

其他有关事项

总监理工程师（签字）:

项目监理机构（印章）:

年____月____日至_____年___月___日

日期	年　月　日		气温	最高		天气	上午	
	星　期		（℃）	最低			下午	

当日施工进展情况：

当日监理工作情况：

当日存在问题及处理情况：

其他有关事项：

专业监理工程师（签字）：　　　　　　　　　　总监理工程师（签字）：

_____工程

监 理 月 报

（第_____册）

主要内容：

本月工程实施情况

本月监理工作情况

本月施工中存在的问题及处理情况

下月监理工作重点

总监理工程师（签字）:

项目监理机构（印章）:

年____月____日至 _____年____月____日

本月工程实施情况:

本月监理工作情况:

本月施工中存在的问题及处理情况:

下月监理工作重点:

附件: 有关统计表、图片等。

表 D.1.10　工程暂停令

工程名称：　　　　　　　　　　　　　　编号：

致：＿＿＿＿＿＿＿＿＿＿＿＿＿＿＿＿（施工单位）

　　由于＿＿＿＿＿＿＿＿＿＿＿＿＿＿＿＿＿＿＿＿＿原因，现通知你

方于＿＿＿＿＿＿＿＿＿＿＿年＿＿＿＿月＿＿＿＿日＿＿＿＿时起，暂

停＿＿＿＿＿＿＿＿＿＿＿＿＿部位（工序）施工，并按下述要求做好后续

工作。

要求：

　　　　　　　　　　项目监理机构（印章）

　　　　　　　　　　总监理工程师（签字、执业印章）：＿＿＿＿＿＿＿

　　　　　　　　　　　　　　　　年　　　月　　　日

注：本表一式三份，施工单位、建设单位、项目监理机构各一份。

表 D.1.11 工程复工令

工程名称：   编号：

致：_____（施工单位）

我方发出的编号为_____《工程暂停令》，要求暂停施工的_____部位（工序），经查已具备复工条件。经建设单位同意，现通知你方于_____年____月____日____时起恢复施工。

附件：工程复工报审表（编号：_____ ）

项目监理机构（印章）

总监理工程师（签字、执业印章）：_____

年   月   日

注：本表一式三份，施工单位、建设单位、项目监理机构各一份。

104

表 D.1.12　监理报告（质量/安全）

工程名称：　　　　　　　　　　　　　　编号：

致：_____（主管部门）

　由_____（施工单位）施工的_____部位（工序），存在质量问题/安全事故隐患。我方已于_____年___月___日发出编号为_____的《监理通知单》/《工程暂停令》，但施工单位未整改/停工。

　　特此报告。

　　附件：　□　监理通知单
　　　　　　□　工程暂停令
　　　　　　□　其他

　　　　　　　　　项目监理机构（印章）
　　　　　　　　　总监理工程师（签字、执业印章）：_____

　　　　　　　　　　　　　　　年　　　　月　　　　日

注：本表一式四份，主管部门、建设单位、监理单位、项目监理机构各一份。

表 D.1.13　工程款支付证书

工程名称：　　　　　　　　　　　　　　　　　　编号：

致：＿＿＿＿＿＿＿＿＿＿＿＿＿＿＿＿＿＿＿＿＿（施工单位）

　　根据施工合同约定，经审核编号为＿＿＿＿＿＿＿＿《工程款支付报审表》，扣除有关款项后，同意支付工程款共计（大写）＿＿＿＿＿＿＿＿＿＿（小写：＿＿＿＿＿＿＿＿　）。

　　其中：

　　　1. 施工单位申报款为：

　　　2. 经审核施工单位应得款为：

　　　3. 本期应扣款为：

　　　4. 本期应付款为：

　　附件：《工程款支付报审表》（编号：＿＿＿＿＿＿＿）及附件

项目监理机构（印章）
总监理工程师（签字、执业印章）：＿＿＿＿＿＿＿
年　　　月　　　日

注：本表一式三份，施工单位、建设单位、项目监理机构各一份。

表 D.1.14　单位工程质量评估报告

_____工程

单位工程质量评估报告

主要内容：
工程概况
工程各参建单位
工程质量验收情况
工程质量事故及其处理情况
竣工资料审查情况
工程质量评估结论

总监理工程师（签字）：_____

单位技术负责人（签字）：_____

监理单位（印章）：_____

编制日期：_____年_____月_____日

工 程 概 况				
工程名称				
工程地址				
工程规模				
开工日期		竣工日期		
施工许可证号		施工图审查号		
建设单位				
勘察单位			资质 等级	
设计单位				
施工单位				
检测机构				
地基处理、桩基础、钢结构、预应力、幕墙、装饰、设备安装等子分部工程设计、施工分包单位				
总监理工程师				
监理工程师		专业	证号	
监理员				

地基与基础分部工程质量评估报告		
监理期限		基础类型	
工程建设过程中质量控制情况（工程监理检查内容及情况）	原材料、构配件检验	
	验槽、试桩等地基处理	
	试块、试件检测	
	防水层	
	检验批验收	
	质量控制文件资料验收	

地基与基础分部工程质量评估报告	
监理抽测情况	
发现问题及处理结果	
工程建设过程中执行规范规程标准情况	
其他需要说明的问题	
基础分部工程质量评估意见	监理单位（印章） 专业监理工程师（签字）：_____ 总监理工程师（签字，执业印章）： 年　　月　　日

主体结构分部工程质量评估报告		
监理期限		结构类型	
工程建设过程中质量控制情况（工程监理检查内容及情况）	原材料、构配件检验	
	试块、试件检测	
	检验批验收	
	质量文件资料验收	

续表 D.1.14

主体结构分部工程质量评估报告	
监理抽测情况	
发现问题及处理结果	
工程建设过程中执行标准规范规程情况	
其他需要说明的问题	
主体分部工程质量评估意见	监理单位（印章） 专业监理工程师（签字）：＿＿＿＿＿＿ 总监理工程师（签字，执业印章）：＿＿＿＿＿＿ 年　　月　　日

建筑节能分部工程质量评估报告			
监理期限		包括的子分部	
监理检查内容	检验批质量验收情况		
	质量文件资料验收情况		
发现问题以及处理结果			
工程建设过程中执行规范规程标准情况			
其他需要说明的问题			
建筑节能分部工程质量评估意见	监理单位（印章） 专业监理工程师（签字）：_____ 总监理工程师（签字，执业印章）：_____ 年　　月　　日		

序号	名称	分项、子分部检查验收、质量文件资料验收情况及评估意见			
		装饰、屋面、设备安装分部工程质量评估报告			
1	装饰装修	总监理工程师（签字）:	年	月	日
2	屋面	总监理工程师（签字）:	年	月	日
3	建筑给排水及供暖	总监理工程师（签字）:	年	月	日
4	通风与空调	总监理工程师（签字）:	年	月	日
5	建筑电气	总监理工程师（签字）:	年	月	日
6	智能建筑	总监理工程师（签字）:	年	月	日
7	电梯	总监理工程师（签字）:	年	月	日
8	附属构筑物	总监理工程师（签字）:	年	月	日
9	场坪绿化	总监理工程师（签字）:	年	月	日

子分部工程质量评估报告		
监理期限		子分部名称	
监理检查内容	检验批质量验收情况	
	质量文件资料验收情况	
发现问题以及处理结果		
工程建设过程中执行规范规程标准情况		
其他需要说明的问题		
子分部工程质量评估意见	监理单位（印章） 专业监理工程师（签字）：_____ 总监理工程师（签字，执业印章）：_____ 年　　月　　日	

分部工程质量评估报告		
监理期限		分部名称	
监理检查内容	检验批质量验收情况	
	质量文件资料验收情况	
发现问题以及处理结果		
工程建设过程中执行规范规程标准情况		
其他需要说明的问题		
分部工程质量评估意见	监理单位（印章） 专业监理工程师（签字）：＿＿＿＿＿＿ 总监理工程师（签字，执业印章）：＿＿＿＿＿＿ 年　　月　　日	

单位工程质量评估意见	
单位工程质量 监理工作总结	
单位工程质量 评估意见	监理单位（印章） 专业监理工程师（签字）：＿＿＿＿＿＿ 总监理工程师（签字，执业印章）：＿＿＿＿＿＿ 年　　月　　日
附件：	

注：本表一式三份，建设单位、监理单位、项目监理机构各一份。

表 D.1.15　监理工作总结

_____工程

监理工作总结

主要内容
工程概况
项目监理机构
建设工程监理合同履行情况
监理工作成效
监理工作中发现的问题及其处理情况
说明和建议

总监理工程师（签字）：_____
单位技术负责人（签字）：_____
监理单位（印章）：_____
编制日期：_____年_____月_____日

工　程　概　况			
工程名称			
工程地址			
工程规模			
开工日期		竣工日期	
施工许可证号		施工图审查号	
建设单位			
勘察单位		资质等级	
设计单位			
施工单位			
检测机构			
地基处理、桩基础、钢结构、预应力、幕墙、装饰、设备安装等分部（子分部）工程设计、施工分包单位			
工程实施概况			

续表 D.1.15

项目监理机构					
序号	岗位	姓名	注册证书号	任职专业	任职起止时间
	总监理工程师				
	总监代表				
	专业监理工程师				
	监理员				
	辅助人员				

建设工程监理合同履行情况：

监理工作成效：

监理工作中发现的问题及处理情况：

说明和建议：

表 D.1.16 监理文件资料移交单

工程名称：　　　　　　　　　　　　　　　　　编号：

致：＿＿＿＿＿＿＿＿＿＿＿＿（建设单位）

　　我方现将＿＿＿＿＿＿＿＿＿＿＿＿＿＿＿＿＿＿＿＿＿＿工程项目监理文件资料移交给贵方，请予以审查、接收。

附件：监理文件资料移交目录

项目监理机构（印章）
总/专业监理工程师（签字）：＿＿＿＿＿＿

　　　　　　　　年　　　月　　　日

审查意见：

建设单位（印章）
建设单位代表（签字）：＿＿＿＿＿＿

　　　　　　　　年　　　月　　　日

序号	名　　称	文件编号	文件日期	起止页	备注
	监理文件资料移交目录				
	第一卷　建设工程项目基本资料				
1					
2					
⋮					
	第二卷　项目监理机构管理资料				
1					
2					
⋮					
	第三卷　工程质量控制资料				
1					
2					
⋮					
	第四卷　安全生产监理资料				
1					
2					
⋮					
	第五卷　工程进度、造价控制及合同管理资料				
1					
2					
⋮					

移交人（签字）：　　　　　　　　　　　　　　　接收人（签字）：

　年　　月　　日　　　　　　　　　　　　　　　年　　月　　日

注：本表一式三份，建设单位、监理单位、项目监理机构各一份。

D.2　施工单位用表

表 D.2.1　施工组织设计/（专项）施工方案报审表

工程名称：　　　　　　　　　　　　　　　　编号：

致：_____（项目监理机构） 　　我方已完成_____工程施工组织设计/（专项）施工方案的编制和审批，请予以审查。 　　附件：□ 施工组织设计 　　　　　□ 专项施工方案 　　　　　□ 施工方案 　　　　　　　　　　　　　施工单位项目部（印章） 　　　　　　　　　　　　　项目经理（签字、执业印章）：_____ 　　　　　　　　　　　　　　　　　　年　　　月　　　日
专业监理工程师审查意见： 　□ 同意　　　　　□ 不同意　　　　□ 按以下主要内容修改补充 　　　　　　专业监理工程师（签字）：_____ 　　　　　　　　　　　　　　　　年　　　月　　　日
总监理工程师审查意见： 　□ 同意　　　　　□ 不同意　　　　□ 按以下主要内容修改补充 　　　　　　项目监理机构（印章） 　　　　　　总监理工程师（签字、执业印章）：_____ 　　　　　　　　　　　　　　　　年　　　月　　　日
审批意见（仅对超过一定规模的危险性较大的分部分项工程专项方案）： 　　　　　　建设单位（印章） 　　　　　　建设单位代表（签字）：_____ 　　　　　　　　　　　　　　年　　　月　　　日

注：本表一式三份，项目监理机构、建设单位、施工单位各留一份。

表 D.2.2　工程开工报审表

工程名称：　　　　　　　　　　　　　　　　编号：

致：＿＿＿＿＿＿＿＿＿＿＿＿＿＿＿＿＿＿＿＿＿＿（建设单位）
　＿＿＿＿＿＿＿＿＿＿＿＿＿＿＿＿＿＿＿＿＿＿（项目监理机构）

　　我方承担的＿＿＿＿＿＿＿＿＿＿＿＿＿＿＿＿＿工程，已完成以下各项准备工作，具备开工条件，申请于＿＿＿＿＿＿年＿＿＿月＿＿＿日开工，请予以审批。

　　1. 设计交底和图纸会审已完成　　　　　　　□
　　2. 施工组织设计（方案）已审批签认　　　　□
　　3. 现场质量、安全生产管理体系已建立　　　□
　　4. 管理人员已到岗　　　　　　　　　　　　□
　　5. 施工人员已按计划到位　　　　　　　　　□
　　6. 施工机械设备已具备使用条件　　　　　　□
　　7. 主要工程材料已落实　　　　　　　　　　□
　　8. 进场道路及水、电、通信等已满足开工要求　□
　　附：证明文件资料

　　　　　　　　　　　施工单位项目部（印章）
　　　　　　　　　　　项目经理（签字、执业印章）：＿＿＿＿＿＿
　　　　　　　　　　　　　　　年　　　月　　　日

审核意见：

　　　　　　　　　　　项目监理机构（印章）
　　　　　　　　　　　总监理工程师（签字、执业印章）：＿＿＿＿＿＿
　　　　　　　　　　　　　　　年　　　月　　　日

审批意见：

　　　　　　　　　　　建设单位（印章）
　　　　　　　　　　　建设单位代表（签字）：＿＿＿＿＿＿
　　　　　　　　　　　　　　　年　　　月　　　日

注：本表一式三份，项目监理机构、施工单位、建设单位各一份。

表 D.2.3-1 施工现场质量安全生产管理体系报审表

工程名称： 编号：

致：_____（项目监理机构） 　　我方已建立了_____工程的施工现场 质量、安全生产管理体系，经自查合格，请予以审查。 　　　　附：施工现场质量、安全生产管理体系审查记录表   　　　　　　　　　　施工单位项目部（印章） 　　　　　　　　　　项目经理（签字、执业印章）：_____ 　　　　　　　　　　项目技术负责人（签字）：_____ 　　　　　　　　　　　　　　　年　　月　　日
审查意见：   　　　　　　　　　　项目监理机构（印章） 　　　　　　　　　　总监理工程师（签字、执业印章）：_____ 　　　　　　　　　　　　　　　年　　月　　日

注：本表一式三份，项目监理机构、建设单位、施工单位各一份。

126

表 D.2.3-2 施工现场质量安全生产管理体系审查记录表

工程名称：   编号：

<table>
<tr><td rowspan="3">项目部主要人员</td><td>项目经理</td><td></td><td>技术负责人</td><td colspan="2"></td></tr>
<tr><td>土建负责人</td><td></td><td>安装负责人</td><td colspan="2"></td></tr>
<tr><td>专职质检员</td><td></td><td>专职安全员</td><td colspan="2"></td></tr>
<tr><td rowspan="10">现场质量管理制度</td><td colspan="2" align="center">项　目</td><td align="center">内　容</td><td colspan="2" align="center">监理审查情况</td></tr>
<tr><td colspan="2" align="center">现场质量管理制度</td><td></td><td colspan="2">□合格 □不合格</td></tr>
<tr><td colspan="2" align="center">质量责任制度</td><td></td><td colspan="2">□合格 □不合格</td></tr>
<tr><td colspan="2" align="center">质量管理组织机构</td><td></td><td colspan="2">□合格 □不合格</td></tr>
<tr><td colspan="2" align="center">对分包单位的质量管理制度</td><td></td><td colspan="2">□合格 □不合格</td></tr>
<tr><td colspan="2" align="center">施工技术标准</td><td></td><td colspan="2">□合格 □不合格</td></tr>
<tr><td colspan="2" align="center">施工质量检验制度</td><td></td><td colspan="2">□合格 □不合格</td></tr>
<tr><td colspan="2" align="center">搅拌站及计量设备</td><td></td><td colspan="2">□合格 □不合格</td></tr>
<tr><td colspan="2" align="center">现场材料、设备存放与管理办法</td><td></td><td colspan="2">□合格 □不合格</td></tr>
<tr><td colspan="2" align="center">特种作业人员及上岗证书汇总表</td><td></td><td colspan="2">□合格 □不合格</td></tr>
<tr><td rowspan="9">现场安全生产管理体系报审资料</td><td colspan="2" align="center">安全生产规章制度</td><td></td><td colspan="2">□合格 □不合格</td></tr>
<tr><td colspan="2" align="center">安全责任制度</td><td></td><td colspan="2">□合格 □不合格</td></tr>
<tr><td colspan="2" align="center">安全生产管理组织机构</td><td></td><td colspan="2">□合格 □不合格</td></tr>
<tr><td colspan="2" align="center">对分包单位的安全管理制度</td><td></td><td colspan="2">□合格 □不合格</td></tr>
<tr><td colspan="2" align="center">安全生产操作规程</td><td></td><td colspan="2">□合格 □不合格</td></tr>
<tr><td colspan="2" align="center">安全技术交底</td><td></td><td colspan="2">□合格 □不合格</td></tr>
<tr><td colspan="2" align="center">安全生产教育培训制度</td><td></td><td colspan="2">□合格 □不合格</td></tr>
<tr><td colspan="2" align="center">主要管理人员安全考核合格证书</td><td></td><td colspan="2">□合格 □不合格</td></tr>
<tr><td colspan="2" align="center">施工安全措施</td><td></td><td colspan="2">□合格 □不合格</td></tr>
<tr><td colspan="3" align="center">技术负责人（签字）：
项目经理（签字）：
年　月　日</td><td colspan="2" align="center">专业监理工程师（签字）：
总监理工程师（签字）：
年　月　日</td></tr>
</table>

注：本表一式三份，项目监理机构、建设单位、施工单位各留一份。

127

表 D.2.4 施工机械、设施报审表

工程名称： 编号：

致：_____（项目监理机构）
根据已审批的施工组织设计、专项施工方案和工程施工进度的需要，本工程拟安装下列施工机械、设施，现将相关资料报上，请予以审查。 附件：1. 特种设备制造许可证、产品合格证、备案证明　　　　□ 　　　　2. 资质证书、安全生产许可证　　　　　　　　　　　□ 　　　　3. 特种作业人员操作资格证书　　　　　　　　　　　□ 　　　　4. 检验检测合格证等安全许可验收手续　　　　　　　□   　　　　　　　　　　　施工单位项目部（印章） 　　　　　　　　　　　　项目经理（签字）：_____ 　　　　　　　　　　　　　　　　　　年　　月　　日

设备名称			
规格型号			
生产厂家			
出厂日期			
安装位置			
机械设施备案号			

审查意见：
  　　　　　　　　项目监理机构（印章） 　　　　　　　　专业监理工程师（签字）：_____ 　　　　　　　　　　　年　　月　　日

　　注：本表一式三份，项目监理机构、建设单位、施工单位各一份。

表 D.2.5 分包单位资格报审表

工程名称： 　　　　　　　　　　　　　　　　　　　　编号：

致：＿＿＿＿＿＿＿＿＿＿＿＿＿＿＿＿＿＿＿＿（项目监理机构）

　　经考察，我方认为拟选择的＿＿＿＿＿＿＿＿＿＿＿＿＿（分包单位）具
备承担下列工程的施工/安装资质和能力，可以保证本工程按建设工程施工
合同第＿＿＿＿＿＿＿＿＿条款的约定进行施工/安装。请予以审查。

分包工程名称	分包工程量	部位	分包工程合同额	占总包合同总价的比例
合　计				

附件：1. 分包单位资质材料

　　　2. 分包单位业绩材料

　　　3. 分包单位专职管理人员和特种作业人员的资格证书

　　　4. 施工单位对分包单位的管理制度

施工单位（印章）

项目经理（签字）：＿＿＿＿＿＿

年　　　月　　　日

审查意见：

专业监理工程师（签字）：＿＿＿＿＿＿

年　　　月　　　日

审核意见：

项目监理机构（印章）

总监理工程师（签字）：＿＿＿＿＿＿

年　　　月　　　日

注：本表一式三份，项目监理机构、建设单位、施工单位各一份。

表 D.2.6 施工控制测量成果报验表

工程名称： 编号：

致：＿＿＿＿＿＿＿＿＿＿＿＿＿＿＿＿＿＿（项目监理机构）

我方已完成＿＿＿＿＿＿＿＿＿＿＿＿＿＿的施工控制测量，经自检合格，请予以查验。

附件：1. 施工控制测量依据资料

2. 施工控制测量成果表

施工单位项目部（印章）

项目技术负责人（签字）：＿＿＿＿＿

年 月 日

工程或部位名称	施工控制测量内容	备注

审查意见：

项目监理机构（印章）

专业监理工程师（签字）：＿＿＿＿＿

年 月 日

注：本表一式三份，项目监理机构、建设单位、施工单位各一份。

表 D.2.7 工程材料、构配件、设备报审表

工程名称：＿＿＿＿＿＿＿＿＿＿＿＿＿＿＿＿＿＿   编号：＿＿＿＿＿

致：＿＿＿＿＿＿＿＿＿＿＿＿＿＿＿＿＿＿＿＿（项目监理机构）

　　于＿＿＿＿＿＿＿年＿＿＿＿＿月＿＿＿＿＿日进场的拟用于本工程部位的＿＿＿＿＿＿＿＿＿＿＿＿＿＿＿，经我方检验合格，现将相关资料报上，请予以审查。

　　附件：1. 工程材料、构配件或设备清单
　　　　　2. 质量证明文件
　　　　　3. 自检结果

施工单位项目部（印章）
项目经理（签字）：＿＿＿＿＿＿＿
年　　月　　日

名　称				
生产厂商(来源)				
规格、型号				
主要技术参数				
数量				
拟用部位				

审查意见：

项目监理机构（印章）
专业监理工程师（签字）：＿＿＿＿＿＿＿
年　　月　　日

注：本表一式三份，项目监理机构、建设单位、施工单位各一份。

表 D.2.8 隐蔽工程/检验批/分项工程报验表

工程名称：   编号：

致：＿＿＿＿＿＿＿＿＿＿＿＿＿＿＿＿＿＿（项目监理机构）
 我方已完成＿＿＿＿＿＿＿＿＿＿＿＿＿＿＿＿＿＿＿＿隐蔽工程/检验批/分项工程施工，经自检合格，请予以验收。
 附件：□隐蔽工程质量检验资料
    □检验批质量检验资料
    □分项工程质量检验资料
 	
     施工单位项目部（印章）
     项目经理/项目技术负责人（签字）：＿＿＿＿＿＿
        年 月 日

验收意见：
 	
     项目监理机构（印章）
     专业监理工程师（签字）：＿＿＿＿＿＿
        年 月 日

注：本表一式三份，项目监理机构、建设单位、施工单位各一份。

表 D.2.9 分部工程报验表

工程名称：_____   编号：_____

致：_____（项目监理机构）
我方已完成_____（分部工程），经自检合格，请予以验收。 附件：分部工程质量检验资料   施工单位项目部（印章） 项目经理/项目技术负责人（签字）：_____ 年　　月　　日
验收意见：   专业监理工程师（签字）：_____ 年　　月　　日
验收意见：   项目监理机构（印章） 总监理工程师（签字）：_____ 年　　月　　日

注：本表一式三份，项目监理机构、建设单位、施工单位各一份。

表 D.2.10 监理通知回复单（质量/安全）

工程名称：　　　　　　　　　　　　　　　　　编号：

致：＿＿＿＿＿＿＿＿＿＿＿＿＿＿＿＿＿＿＿＿＿（项目监理机构）

　　我方接到编号为＿＿＿＿＿＿＿＿＿＿＿＿＿的《监理通知单（质量/安全）》
后，已按要求完成相关工作，请予以复查。

整改情况说明：

　　　附件：证明文件资料

施工单位项目部（印章）

项目经理/技术负责人（签字）：＿＿＿＿＿＿

年　　　月　　　日

复查意见：

项目监理机构（印章）

总监理工程师/专业监理工程师（签字）：＿＿＿＿＿＿

年　　　月　　　日

　　注：本表一式三份，项目监理机构、建设单位、施工单位各一份。

表 D.2.11 工程复工报审表

工程名称：   编号：

致：_____（项目监理机构）

根据编号为_____《工程暂停令》所停工的部位（工序），现已满足复工条件，我方申请于_____年_____月_____日复工，请予以审批。

附件：证明文件资料

施工单位项目部（印章）

项目经理（签字、执业印章）：_____

年   月   日

审查意见：

1. 具备复工条件   □

2. 不具备复工条件   □

3. 满足以下条件后再报   □

项目监理机构（印章）

总监理工程师（签字、执业印章）：_____

年   月   日

审批意见：

建设单位（印章）

建设单位代表（签字）：_____

年   月   日

注：本表一式三份，项目监理机构、建设单位、施工单位各一份。

表 D.2.12 施工进度计划报审表

工程名称：　　　　　　　　　　　　　　　　　编号：

致：　　　　　　　　　　　　　　　　（项目监理机构）
根据施工合同约定，我方已完成　　　　　　　　　　　　工程施工进度计划的编制和批准，请予以审查。 　　附件：□ 施工总进度计划 　　　　　□ 阶段性进度计划   　　　　　　　　　　　施工单位项目部（印章） 　　　　　　　　　　　　项目经理（签字）：＿＿＿＿＿＿＿ 　　　　　　　　　　　　　　　年　　月　　日
审查意见：   　　　　　　　　　　专业监理工程师（签字）：＿＿＿＿＿＿ 　　　　　　　　　　　　　　　年　　月　　日
审核意见：   　　　　　　　　　　　项目监理机构（印章） 　　　　　　　　　　　总监理工程师（签字）：＿＿＿＿＿＿ 　　　　　　　　　　　　　　年　　月　　日

　　注：本表一式三份，项目监理机构、建设单位、施工单位各一份。

136

表 D.2.13　工程临时/最终延期报审表

工程名称：_____　　　　编号：_____

致：_____（项目监理机构）
根据施工合同_____（条款），由于_____原因，我方申请工程临时/最终延期_____（日历天），请予批准。 　　附件：1. 工程延期依据及工期计算 　　　　　2. 证明材料   　　　　　　　　施工单位项目部（印章） 　　　　　　　　项目经理（签字、执业印章）：_____ 　　　　　　　　　　　　年　　　月　　　日
审核意见： 　　□ 同意临时/最终延长工期_____（日历天）。工程竣工日期从施工合同约定的年____月____日延迟到_____年____月____日。 　　□ 不同意延长工期，请按约定竣工日期组织施工。   　　　　　　　　项目监理机构（印章） 　　　　　　　　总监理工程师（签字、执业印章）：_____ 　　　　　　　　　　　　年　　　月　　　日
审批意见：   　　　　　　　　建设单位（印章） 　　　　　　　　建设单位代表（签字）：_____ 　　　　　　　　　　　　年　　　月　　　日

注：本表一式三份，项目监理机构、施工单位、建设单位各一份。

表 D.2.14 工程款支付报审表

工程名称： 编号：

致： _____（项目监理机构）
根据施工合同约定，我方已完成_____工作，建设单位应在_____年_____月_____日前支付工程款共计（大写）（小写：_____），现将相关资料报上，请予以审核。 　　附件： 　　　　☐ 已完工程量报表 　　　　☐ 工程竣工结算证明材料 　　　　☐ 相应的支持性证明文件 　　　　　　　　　　　施工单位项目部（印章） 　　　　　　　　　　　项目经理（签字、执业印章）：_____ 　　　　　　　　　　　　　　　年　　　月　　　日
审查意见： 　　1. 施工单位应得款为： 　　2. 本期应扣款为： 　　3. 本期应付款为： 　　附件：相应支持性材料 　　　　　　　　　　　专业监理工程师（签字）：_____ 　　　　　　　　　　　　　　　年　　　月　　　日
审核意见： 　　　　　　　　　　　项目监理机构（印章） 　　　　　　　　　　　总监理工程师（签字、执业印章）：_____ 　　　　　　　　　　　　　　　年　　　月　　　日
审批意见：   　　　　　　　　　　　建设单位（印章） 　　　　　　　　　　　建设单位代表（签字）：_____ 　　　　　　　　　　　　　　　年　　　月　　　日

　　注：本表一式三份，项目监理机构、施工单位、建设单位各一份。

表 D.2.15　费用索赔报审表

工程名称：　　　　　　　　　　　　　　　　编号：

致：＿＿＿＿＿＿＿＿＿＿＿＿＿＿＿＿＿＿＿（项目监理机构）

　　根据施工合同＿＿＿＿＿＿＿＿＿条款，由于＿＿＿＿＿＿＿＿＿＿＿的
原因，我方申请索赔金额（大写）＿＿＿＿＿＿＿＿＿＿＿＿＿＿＿＿，请予
批准。

　　索赔理由：＿＿＿＿＿＿＿＿＿＿＿＿＿＿＿＿＿＿＿＿＿＿
＿＿＿＿＿＿＿＿＿＿＿＿＿＿＿＿＿＿＿＿＿＿＿＿＿＿＿＿＿＿
＿＿＿＿＿＿＿＿＿＿＿＿＿＿＿＿＿＿＿＿＿＿＿＿＿＿＿＿＿＿

　　附件：□ 索赔金额的计算
　　　　　□ 证明材料

施工单位项目部（印章）
项目经理（签字、执业印章）：＿＿＿＿＿＿＿＿
年　　　月　　　日

审核意见：
　　□ 不同意此项索赔。
　　□ 同意此项索赔，索赔金额为（大写）＿＿＿＿＿＿＿＿＿＿＿。
　　同意/不同意索赔的理由：＿＿＿＿＿＿＿＿＿＿＿＿＿＿＿＿
＿＿＿＿＿＿＿＿＿＿＿＿＿＿＿＿＿＿＿＿＿＿＿＿＿＿＿＿＿＿
＿＿＿＿＿＿＿＿＿＿＿＿＿＿＿＿＿＿＿＿＿＿＿＿＿＿＿＿＿＿

　　附件：□ 索赔审查报告

项目监理机构（印章）
总监理工程师（签字、执业印章）：＿＿＿＿＿＿
年　　　月　　　日

审批意见：

建设单位（印章）
建设单位代表（签字）：＿＿＿＿＿＿＿
年　　　月　　　日

注：本表一式三份，项目监理机构、施工单位、建设单位各一份。

表 D.2.16 ＿＿＿＿＿＿＿＿报审/报验表

工程名称：   编号：

致：＿＿＿＿＿＿＿＿＿＿＿＿＿＿＿＿＿＿＿＿＿（项目监理机构） 　　我方已完成＿＿＿＿＿＿＿＿＿＿＿＿＿＿＿＿＿＿＿＿工作，经自检合格， 请予以审查/验收。 　　附件：□ 施工实验室证明资料 　　　　　□ 相关服务工作证明资料 　　　　　□ 其他   　　　　　　　　　施工单位项目部（印章） 　　　　　　　　　项目经理/项目技术负责人（签字）：＿＿＿＿＿＿ 　　　　　　　　　　　　　　　　年　　月　　日
验收意见：   　　　　　　　　　项目监理机构（印章） 　　　　　　　　　专业监理工程师（签字）：＿＿＿＿＿＿ 　　　　　　　　　　　　　　　　年　　月　　日

　　注：本表一式三份，项目监理机构、建设单位、施工单位各一份。

表 D.2.17 单位工程竣工验收报验表

工程名称： 编号：

致：_____（项目监理机构）
我方已按施工合同要求完成_____工程，经自检合格，现将有关资料报上，请予以验收。 附件：1. 工程质量验收资料 　　　2. 工程功能检验资料   施工单位项目部（印章） 项目经理（签字、执业印章）：_____ 年　　月　　日
预验收意见： 经预验收，该工程合格/不合格，可以/不可以组织正式竣工验收。   项目监理机构（印章） 总监理工程师（签字、执业印章）：_____ 年　　月　　日

注：本表一式三份，项目监理机构、建设单位、施工单位各一份。

D.3 共用表

表 D.3.1 会议纪要

工程名称：　　　　　　　　　　　　　　编号：

主持单位		主持人	
会议地点		会议日期	

主要议题：

　　　　附件：＿＿＿＿＿＿＿＿＿会议纪要（附件共＿＿页）

姓　名	工 作 单 位	职　务	联 系 电 话 电　话

项目监理机构（印章）

总监理工程师（签字）：＿＿＿＿＿＿

年　　月　　日

会签栏	建设单位		勘察单位	
	施工单位		分包单位	
	设计单位		分包单位	

注：本表一式多份，参加会议单位各留一份，表后附会议纪要内容。

表 D.3.2　索赔意向通知书

工程名称：　　　　　　　　　　　　　　　　　编号：

致：＿＿＿＿＿＿＿＿＿＿＿＿＿＿＿＿

　　根据《建设工程施工合同》＿＿＿＿＿＿＿＿＿＿＿＿＿＿＿＿＿＿（条款）的约定，由于发生了＿＿＿＿＿＿＿＿＿＿＿＿＿＿＿＿＿＿＿事件，且该事件的发生非我方原因所致。为此，我方向＿＿＿＿＿＿＿（单位）提出索赔要求。

　　附件：索赔事件资料

　　　　　　　　　　　　　　　　提出单位（印章）

　　　　　　　　　　　　　　　　负责人（签字）：＿＿＿＿＿＿

　　　　　　　　　　　　　　　　　年　　　　月　　　　日

注：本表一式三份，项目监理机构、建设单位、施工单位各一份。

表 D.3.3 工作联系单

工程名称：   编号：

致：_____

发文单位（印章）
负责人（签字）：_____
年   月   日

注：本表一式多份，收文单位、其他相关单位、发文单位各一份。

表 D.3.4 工程变更单

工程名称：   编号：

致：_____

　　由于_____原因，兹

提出_____工程变更，请予以审批。

　　附件：□ 变更内容
　　　　　□ 变更设计图
　　　　　□ 相关会议纪要
　　　　　□ 其他

提出单位（印章）
负责人（签字）：_____
年　　　月　　　日

工程数量增/减	
费用增/减	
工期变化	

施工单位（印章） 项目经理（签字）：	设计单位（印章） 设计负责人（签字）：
项目监理机构（印章） 总监理工程师（签字）：	建设单位（印章） 负责人（签字）：

　　注：本表一式四份，建设单位、设计单位、项目监理机构、施工单位各一份。

本标准用词说明

1　为了便于在执行本标准条文时区别对待，对要求严格程度不同的用词说明如下：

1）表示很严格，非这样做不可的用词：

正面词采用"必须"，反面词采用"严禁"；

2）表示严格，在正常情况均应这样做的用词：

正面词采用"应"，反面词采用"不应"或"不得"；

3）表示允许稍有选择，在条件许可时首先应这样做的用词：

正面词采用"宜"，反面词采用"不宜"；

4）表示有选择，在一定条件下可以这样做的用词，采用"可"。

2　条文中指明应按其他有关标准执行的写法为："应符合……的规定"或"应按……执行"。

引用标准名录

1 《建设工程监理规范》GB/T 50319
2 《建设工程文件归档规范》GB/T 50328
3 《建设工程资料管理规程》JGJ/T 185
4 《建设电子文件与电子档案管理规范》CJJ/T 117

四川省工程建设地方标准

四川省建设工程项目监理工作质量检查标准

DBJ51/T 060－2016

条 文 说 明

制 订 说 明

《四川省建设工程项目监理工作质量检查标准》
DBJ51/T 060-2016 经四川省住房和城乡建设厅 2016 年 9 月
18 日以第 744 号公告批准发布。

2008 年 3 月，为规范四川省建设工程监理行为，确保建设
工程质量安全，加强对工程项目监理履职情况的监督，强化监
理单位自我管理，进一步提高监理工作质量，提升监理行业服
务水平，四川省住房和城乡建设厅组织省内部分监理单位及有
关专家，成立了建设工程项目监理工作质量考评办法及考评标
准研究课题组。在对全省建设工程项目监理工作质量监管有关
经验进行总结的基础上，结合课题成果，于 2008 年 10 月 23
日出台了《四川省建设工程项目监理工作质量考评办法（暂
行）》（川建发〔2008〕80 号）以及配套的《四川省建设工程项
目监理机构工作质量考评手册》，并于 2008 年 12 月 1 日正式
开始执行。这项工作的推行，为四川省项目监理机构工作质量
的提高、监理单位管理水平的提升，以及政府主管部门对监理
履职情况的监督，都起到了很大的促进作用，当时在全国也是
一种创新的做法。

随着建设工程项目监理工作质量考评工作的推行，也发现
了一些需要改进的地方，加之由于《建设工程监理规范》
GB 50319-2000、《建设工程监理合同示范文本》GF-2000-0202
等标准规范已开始重新修订，为更好地适应新形势发展的需

要，根据四川省住房和城乡建设厅的要求，由四川省建设工程质量安全监督总站牵头，于2011年6月成立课题组，对考评办法和考评手册进行修订。2013年12月3日，四川省住房和城乡建设厅印发了《四川省建设工程项目监理工作质量考评实施办法》的通知（川建质安发〔2013〕594号），由《四川省建设工程项目监理工作质量考评实施办法》《四川省建设工程项目监理工作质量评分标准》《四川省建设工程项目现场监理文件资料组卷指南》三个系列文件组成，将课题成果转化成了地方部门规章，要求自发布之日起开始执行。随着这项工作的持续推进，不断地提升了四川省监理行业的服务水平，使全省监理工作的专业化、标准化、科学化又上了一个新台阶，促进了四川省监理行业健康地发展，同时也是对提高项目监理工作质量的又一次有益的探索。

建设工程监理制度实行已有二十多年的时间了，实践证明，监理制度在提高投资效益、全面实现工程建设质量目标和安全管理目标、提升四川省整体建设水平，发挥着越来越重要的作用。为了更好地促进四川省监理行业的健康发展、科学发展、持续发展，需要一部科学的、专业的、量化的建设工程项目监理工作质量标准及检查评定标准，四川省既具有丰富的监理工作质量检查评定实践经验，又有经过工程监理实际验证过的理论基础，已经具备编制这部标准的条件。2015年1月16日，四川省住房和城乡建设厅印发了《关于下达工程建设地方标准<四川省建设工程项目监理工作质量考评标准>编制计划的通知》（川建标发〔2015〕36号），由四川省建设工程质量安全监督总站、四川省兴旺建设工程项目管理有限公司负责《四川省建设工程监理工作质量检查标准》（现名）的起草工作。编制组总结了近十年来四川省建设工程项目监理工作质量检查评定方面的实践经验和研究成果，在广泛征求意见和调查研究的基础上，通过反复讨论、修改和完善，制定了本标准。本标准以国家、行业现行标准、规范和有关规定为依据，为评价建设工程项目监理工作质量，提高建设工程监理管理水平，实现监理工作质量检查评定工作的科学化、标准化、规范化做了具体规定。

编制组在制订过程中遵循了以下编制原则：本标准适用于房屋建筑及市政基础设施工程，其他专业类别工程可参照执行；监理工作质量检查评定的内容，覆盖施工阶段"三控制，二管理，一协调，并履行安全生产管理法定职责"全过程；引入监理工作质量、监理工作质量检查、监理工作质量评定、监理单位技术负责人等术语解释；在列明监理工作质量检查评定的扣分标准同时，给出相应的监理工作标准；检查评定按扣分制来编写，默认在检查前项目监理机构的工作是符合有关法律法规的规定，满足《建设工程监理规范》的要求；除检查评定的具体扣分标准外，纳入检查评分方法、检查评定模式、检查评定等级相关内容；增加"基本规定"，对《建设工程监理规范》中未明确的平行检验内容及频率、巡视频率、项目监理机构人员最低配置等进行细化；各检查评分项按照在监理工作质量检查评定中重要程度的不同，分为重要项目和一般项目；对工程质量评估报告、监理工作总结等，在整个监理过程中出现频率较小的监理文件资料，按集中抽查的方式进行检查评定；项目监理工作质量检查评定中，纳入作为服务对象的建设单位和作为管理对象的施工单位综合评价；在附录中纳入建设工程项目现场监理文件资料组卷的内容，指导项目监理机构在施工现场对监理文件资料的管理和应用；在附录中纳入监理单位和相关单位用表，规范监理用表的填写和使用。

为便于广大建设、监理、施工等单位有关人员在使用本标准时能够正确理解和执行条文规定，编制组按条文的章、节、条顺序编制了本标准的条文说明，对条文规定的目的、依据以及执行中需要注意的有关事项进行了说明。但是，本条文说明不具备与标准正文同等的法律效力，仅供使用者作为理解和把握标准规定的参考。

目　次

1 总 则

1.0.2 本标准是建设行政主管部门、建设单位等相关单位，对监理单位所承担建设工程项目的监理活动进行监督、检查和评定的依据，也是监理单位和项目监理机构对自身监理工作的履职过程和结果进行自查和评价的依据。

用于在建工程项目监理工作质量的第一次检查时间要求应满足下列条件：检查时，一般应在项目监理工作已经开展一段时间之后再进行，此时项目监理工作量已覆盖了检查项目的大部分内容，已能体现项目监理机构的工作质量和水平。对于房屋建筑工程，一般应在地基基础和地下室已完成，或形象进度已至主体结构完成三分之一时，开始进行检查评定。

本标准可用于在建工程项目监理工作质量的检查，也可用于已竣工工程项目监理工作质量的检查评定。

3 基本规定

3.1 一般规定

3.1.4 项目监理机构人员的最低配置表是为了能完成监理基本工作，按一般常见房屋建筑工程和市政基础设施工程测算给出的，是个建议性的数字。工程项目的技术复杂程度千差万别，建设单位所要求的服务各不相同，项目监理机构人员的配置应以建设工程监理合同约定为准。

建设工程监理合同中约定的人员配置，不需要自工程项目开工至工程竣工全过程都全部驻现场，这样既不科学也不合理，应按工程项目施工进度的不同、各阶段所需专业的不同、当时技术复杂程度的不同等，制定项目监理机构的人员进退场计划，并适时予以调整。

根据合同约定的项目监理机构人员，在监理规划中应制定相应的人员进退场计划，并按计划分阶段、分批次进驻（退出）施工现场，合同约定的全部监理人员均应在施工现场工作过即可。

3.1.6 旁站监督活动是在施工过程中采取的监理工作方式之一，是对关键部位或关键工序的施工质量跟班监督活动。旁站既可在作业面上实施，也可在作业面附近予以监督；时间上既可以是连续的，也可以是有一定时间间隔的。

3.1.7 见证取样工作是对试件（试样）的制作、存放及现场取样、封样、送检直至开始进行检测试验前的整个过程。项目监理机构可以根据要求参与全部或部分工作。

3.1.8 用于工程项目的主要材料、半成品、成品、构配件、器具和设备所进行的进场平行检验应与施工单位的抽样复检同时进行。对于实体平行检验应在施工单位自检合格的基础上进行，例如：外墙粘贴面砖的现场拉拔试验、沥青路面钻芯取样送检、钢结件防火涂层厚度检查、防水材料的粘接强度和厚度检验等。

3.2 监理设施设备

3.2.1～3.2.2 监理设施的配备应根据工程需要和合同约定来执行。一般情况下办公生活用房、水电通信网络接入等由建设单位提供；办公设施设备、检测仪器设备、技术资料等由监理单位自备。

3.2.5 项目监理机构应实施监理工作的计算机信息化管理，采用监理专业管理软件、进度控制软件、造价控制软件、BIM 系统等，或由监理单位根据建设工程项目定制开发的专用程序，提高监理工作的信息化水平，提高监理工作的效率。

3.3 监理文件资料

3.3.1 监理文件资料应内容完整、结论明确、签认手续齐全，不得出现文件资料前后矛盾、逻辑混乱、签字代签、越权签署、资料内容与工程实际情况不符等情况。

3.3.2　原件是原始记录，能够真实反映文件资料的原始内容，使文件资料的真实性得到有效保证。但是工程施工过程中，原件数量往往难以满足对资料份数的需求，因此在工程资料中，允许采用复印件。复印件由提供单位对资料的真实性负责。签字盖章的要求旨在保持复印件便利性的前提下，最大限度地提高了复印件的可靠性。

　　复印件上所加盖的提供单位的印章可以是资料提供单位经授权的项目部印章，重要的文件资料应为提供单位的法人印章。

4 检查评分方法

4.1 检查评分内容

4.1.1 建设工程项目监理工作质量检查评分的主要内容包括监理组织机构、工程质量及施工现场安全的监理情况、监理实施过程及资料、相关单位评价四个大项。每个大项下面又细分为若干小项，每个小项根据评分的重要程度分为重要项目和一般项目。

4.1.2 对评分项目所进行相应的调整，由检查组成员在检查评分开始前共同进行确认。

4.2 检查评分方法

4.2.4 主要专业通常为钢筋砼结构、钢结构、装配式结构、道桥、隧道等；辅助专业通常为水电安装、园林绿化等。不同的建设工程项目主要专业和辅助专业是相对的、可以转化的，在这个项目中是主要专业的，在另外的项目可能就是辅助专业。检查组中的施工安全相关专业人员可由其他小组成员兼任。

4.2.6~4.2.7 当检查项目齐全时，检查评分汇总表的应得满分分值应为600分，四个大项所占权重分别为：监理组织机构分项检查评分表、相关单位评价分项检查评分表占 25%；工程质量及施工现场安全的监理情况分项检查评分表占 25%；监理实施过程及资料分项检查评分表占 50%。

5 检查评定等级

5.1 检查评定模式

5.1.1 自检、巡检、抽检的对象均为建设工程项目监理工作质量。其他单位（或部门）包括建设行政主管部门、工程质量安全监督机构、建设单位、行业协会等。

5.1.3 监理单位对于连续两次巡检评定等级均为优良的项目，可根据监理单位内部差异化管理的原则适当减少巡检次数，但对所属各项目每年巡检不宜少于两次。

6 检查评分项目

6.1 监理组织机构

6.1.1 监理组织机构检查评定分为两个层次，分别是监理单位和项目监理机构，监理单位是履行建设工程监理合同的主体，应依据法律法规、工程建设标准、勘察设计文件及合同约定承担相应的责任、义务，并尽到对项目监理机构的管理职责；项目监理机构是监理单位派驻在现场的组织机构，代表监理单位履行建设工程监理合同和具体执行工程项目监理工作。

6.1.4 当监理合同中未具体明确监理机构人员配置时，项目监理机构的人员动态配置应符合监理规划中的人员进退场计划。

6.1.6 施工现场监理办公室的标准化布置，由监理单位自行制定相应标准，基本内容应包括企业标识、企业资质、岗位职责、主要监理程序、工作图表、监理工作台账等，并应张挂上墙。

6.2 工程质量及施工现场安全的监理情况

6.2.1 建设工程质量及施工现场安全的第一责任人是建设单位，本节所检查评定的是针对建设工程质量项目监理机构履行监理职责的情况，以及对施工单位施工现场安全生产管理的监督情况，是通过工程质量和施工现场安全状况来反映监理工作质量。

检查评定工程质量及施工现场安全的监理情况可分为三个层次，即发现问题（识别）、督促整改（处理）、检查验收（结果）。首先检查项目监理机构是否履行了识别、处理职责，其次检查问题是否最终得到了解决。如果项目监理机构已经尽到了识别和处理职责，则项目监理机构已部分履职，而整改结果的好坏最终是由施工单位控制的。

项目监理机构将工程质量达不到合格标准以及施工安全不符合要求的，按验收合格、整改完成来签认，则评定为项目监理机构未履职。

6.2.2～6.2.5 检查评定工程质量监理情况的重要项目针对的是有关工程质量强制性条文方面的问题；施工现场安全监理情况的重要项目针对是有关现场施工安全强制性条文方面的问题，以及经批准的危险性较大的分部分项工程专项施工方案实施方面的问题，与检查评定的一般项目相比，扣分较为严格。

6.3 监理实施过程及资料

6.3.1 "同步形成"是指"共同推进"或"及时跟进"，即工程资料的整理与工程施工进度同步；"同步"并不是非常严格的"同时"，而是要求工程监理文件资料与工程进度应基本保持对应、及时形成。

6.3.2 工程监理文件资料移交手续必须齐全，这是明确各方资料责任的必要手段。在移交时，接收单位应按照移交目录对移交的资料内容进行核对，无误后双方应在移交书上签字盖章。

6.3.3 "内容完整"是要求文件资料中对其有效性有决定性影响的项目和内容应填写齐全，不应空缺。

"结论明确"是指当文件资料中需要给出结论时，应当按照相关设计或标准的要求给出明确结论，不应填写成"基本合格""已验收""基本同意""原则同意""未发现异常"等不确切词语。

"签认齐全"是指应该在文件资料上签字、审核、批准、盖章等的相关人员和单位应当及时签认，不应出现空缺、代签、补签或代章等情况。

6.3.4 "及时进行"是指当有合同约定时，应执行合同约定；当合同未约定时，应以不影响工程进度为前提。

6.3.8 在监理工作实施过程中，当设计方发生重大修改，施工方法发生重大改变，工期和质量要求发生重大变化，或者当原监理规划所确定的程序、方法、措施和制度等需要做重大调整时，总监理工程师应及时组织专业监理工程师补充、修改监理规划，并按原报审程序审核批准后报建设单位。

6.3.9 监理实施细则可以在施工前汇总各分部工程合并编制，也可以随工程进度在各分部工程施工前分别编制，或者将部分常规的分部工程汇总合并编制，特殊的、重要的、难度较大的分部工程随工程进度编制。

6.3.10 监理实施细则可根据建设工程实际情况及项目监理机构工作需要增加其他内容，以及法律法规规定需要完成的监理工作。

6.3.13 "有效"是指勘察设计文件的各专业负人责签字及个人执业印章齐全，盖有勘察设计单位出图印章；施工图审查报告应各专业签字齐全，盖有审查机构的审查专用章。当有修改意见时，勘察、设计院的回复应一一对应，并且意见明确。

6.3.14 当建设工程项目发生重大设计变更时，建设单位应将变更的设计文件及时重新送审，并提供相应的施工图审查报告，必要时，重新组织设计交底和图纸会审会议。

6.3.15 施工图审查及图纸会审记录评定的重要项目应符合下列要求：

1 对于施工图会审和设计交底会议纪要，设计单位相关专业应签字齐全，与会各方共同签字盖章完成后，方能予以实施。

2 由专业分包单位出具的施工深化图纸应经原设计单位相关专业进行复核，并予以签认。

6.3.17 施工单位报送的方案性的资料包括下列主要内容：

1 施工组织设计是用来指导施工项目全过程各项活动的技术、经济和管理的综合性文件。

2 施工方案依据施工组织设计，针对分项工程的施工方法而编制的具体施工工艺指导书，对分项工程的材料、机具、人员、工艺进行详细的部署，保证质量要求和施工安全要求，具有可行性、针对性、操作性。

3 专项施工方案是指危险性较大的分部分项工程的相关方案。

6.3.19 项目监理机构在日常巡视时，应督促施工单位按已批准的施工组织设计/（专项）施工方案进行施工。发现未按施工组织设计/（专项）施工方案实施时，应发出监理通知单要求整改，或根据不同的情况发出工程暂停令，直至向有关行政主管部门报告。

6.3.24 对于工程开工，项目监理机构负责施工现场范围以内的相关事宜，核查施工现场的开工准备情况等；建设单位根据项目监理机构对施工现场开工准备情况的核查意见，结合办理建设工程项目施工许可证、质量安全监督备案手续等情况，最终确定开工。项目监理机构接到建设单位批准开工的指令后，签发工程开工令。

6.3.26 施工机械设施报审表中的机械设施数量、规格、型号等应与投标承诺及施工组织设计相一致，监理应有核查记录。分包进场时，所申报的机械设施也应与施工组织设计或施工方案一致。

6.3.27 满足部分开工条件是指相关政府主管部门的审批备案手续已办理，工程前期进行的原始地貌测量、场地平整、边坡防护、阻碍物迁移等主要准备工作已完成。

6.3.31、6.3.32 施工测量放线包括施工控制测量和施工过程中的其他测量，控制测量包括房屋建筑根据建设规划许可给出的放线坐标，所进行的施工平面控制网、高程控制网和临时水准点、建筑物（构筑物）定位放线以及市政公用工程的水准基点、导线桩、交点桩等测量放线；施工过程中的其他测量放线主要指房屋建筑的楼层柱网、垂直度以及市政公用工程的中线、边线、高程的测量放线。

6.3.37 新材料、新工艺、新技术、新设备的应用应符合国家相关规定。专业监理工程师审查时，可根据具体情况要求施工单位提供相应的检验、检测、试验、鉴定或评估报告及相应的验收标准。项目监理机构认为有必要进行专题论证时，施工单位应组织专题论证会。

6.3.40、6.3.41 巡视计划、旁站方案由项目监理机构根据工程的专业特点及施工组织设计、施工方案，针对建设工程质量控制的重点、难点及关键工序、关键部位制定，并在监理实施过程中予以落实。

巡视记录可以记入个人的监理日记，也可与项目监理机构的监理日志合并记录。巡视记录除记录抽测的数据外，还宜采用拍照、摄像、录音等方式。

6.3.44 项目监理机构对隐蔽工程、检验批、分项工程、分部工程验收按《建筑工程施工质量验收统一标准》GB 50300有关要求执行，并按合同约定进行相应的工序平行检验。

6.3.48 监理通知单及回复除主要用于建设工程质量问题和施工安全隐患的整改外，也适用于造价控制、进度控制、程序控制等方面，凡项目监理机构认为需要进行整改并回复的，也可发出监理通知。

6.3.54 监理例会应由总监理工程师组织并主持，特殊情况下可以由授权的总监理工程师代表主持。

6.3.56 监理日志、监理月报应符合下列规定：

1 项目监理机构应每日编写监理日志，若工程暂停施工，项目监理机构在暂停施工期间可不必编写监理日志，但应将证明工程暂停施工的文件资料存档。当工程部分暂停施工或仅作业面暂停施工而仍有其他工作在进行，应编写监理日志。

2 总监理工程师可以逐日审阅监理日志，也可以集中每周审阅一次，以全面了解工程监理情况，审阅后总监理工程师应签字确认。

3 监理月报应每月编写，特殊情况下，时间间隔不超过两个月。监理月报应同时报送建设单位和监理单位。

6.3.66 安全生产管理的监理工作及相应文件资料的检查评定按符合性检查进行，鉴于安全生产管理的监理工作系统性较强、安全隐患存在的部位较为分散、安全事故发生的偶然性较大，应对照本标准第6.2.4条、第6.2.5条施工现场安全的检查情况，核查相应监理文件资料的符合性，在本标准第6.2.4条、第6.2.5条检查时已扣分的项目，此处按缺项处理，不重复扣减分值，不计入本分项检查评分表应得分。

6.3.71 项目监理机构向施工单位发出工程暂停令后，施工单位拒不暂停施工的，项目监理机构应立即向建设单位报告；建设单位未予制止或制止无效的，应及时向有关主管部门报送监理报告。

6.3.75 项目监理机构审查施工单位报送的施工进度计划应符合下列要求：

1 项目监理机构应在工程开工前依据建设工程施工合同约定的工期总目标，向施工单位提出工程总进度计划的编制详细要求。当工程有专业分包时，应充分考虑分包单位的施工周期，施工单位编制的工程总进度计划中应明确各分部（子分部）专业分包单位的进场节点时间。

2 根据项目特征及进度控制需要，监理机构可要求施工单位编制年、季、月、周施工进度计划，以及单位工程或分部工程施工进度计划，报项目监理机构审批。

6.3.82 项目监理机构审查施工单位报送的工程款支付申请应符合下列要求：

1 专业监理工程师根据监理员在施工现场复核的工程量有关数据，对质量合格、资料齐全的工程进行计量，对支付金额进行复核。

2 总监理工程师根据建设单位的审批意见，向施工单位签发工程款支付证书。

3 项目监理机构应建立合同付款台账，对付款情况进行记录，并根据工程实际进展情况，对合同工程付款情况进行分析，并在月报中向建设单位报告。

6.3.84 ~ 6.3.87 费用索赔主要发生在建设单位与施工单位之间，本条有关项目监理机构处理费用索赔的内容是由施工单位提出的，建设单位提出的费用索赔可参照本条相关内容。

监理单位与建设单位之间有关监理费用及赔偿的处理，按建设工程监理合同约定进行（协商、仲裁、诉讼）。

6.3.88 其他监理文件资料所包括的内容在进行检查评定时可能有一些尚未发生，可根据建设工程进度和实际情况，由检查组来确定具体的检查内容，如果均未发生，本项按缺项处理，不计入分项检查评分表。

6.3.96 其他监理文件资料所反映的监理工作，在整个监理过程中出现的频率较小，故采用集中抽查的形式进行检查评定。

6.4 相关单位评价

6.4.1 监理单位是个服务机构，所从事的工作是服务活动，具有市场化属性，最终的评价应该是由市场给出的，工程监理工作的服务对象和管理对象分别是建设单位和施工单位，它们是市场的代表。

征询建设单位和施工单位的意见可以发现项目监理机构一些诸如工作作风、服务态度、协调能力、职业道德等方面的问题，而这些无法直接体现在文件资料当中。

由于目前阶段监理市场尚不很规范，且评价的主观因素较多，故本检查评定大项分值所占比例较小，不到 10%。

附录 A 建设工程项目监理工作质量检查评分汇总表

表 A 本表是对"附录 B 建设工程项目监理工作质量分项检查评分表"中"表 B.1 监理组织机构检查评分表""表 B.2 工程质量及施工现场安全监理情况检查评分表""表 B.3 监理实施过程及资料检查评分表""表 B.4 相关单位评价检查评分表"各检查评分项得分的汇总。

填写时应符合下列要求:

1 对项目进行检查评定时建设工程的进度不同,或者由于建设工程项目的特殊性,检查评分项可能缺项,该项分值不计入应得分。

2 在分项检查评分表中重要项目有一大项未得分或分项检查评分表中重要项目小项的累计得分率不足 70%时,此分项检查表不应得分,即表 B.1、表 B.2、表 B.3、表 B.4 其中一个或几个表对应的分值为 0 分。

3 项目监理工作质量评定等级是根据得分率确定的,界限值 60%、85%本身包含在下限,即得分率 $M < 60\%$ 为不合格,$60\% \leqslant M < 85\%$ 为合格,$M \geqslant 85\%$ 为优良。

4 本表应经被检查项目监理机构的总监理工程师签字认

可，对于评分有异议的总监理工程师可以当场提出，确实合理的意见，检查组应予以采纳，适时调整分值。组长、组员均应在汇总表上签字。

5 检查组应将检查中发现的问题书面告知项目监理机构，并提出限期整改要求，并将汇总表及分项检查表复印给项目监理机构，便于下次对照复查。

附录 B 建设工程项目监理工作质量分项检查评分表

表 B.1 ~ 表 B.4 "附录 B 建设工程项目监理工作质量分项检查评分表"由"B.1 监理组织机构检查评分表""B.2 工程质量及施工现场安全监理情况检查评分表""B.3 监理实施过程及资料检查评分表""B.4 相关单位评价分项检查评分表"四个大项组成,每个大项又由若干小项组成。

"B.1 监理组织机构检查评分表"由监理单位、项目监理机构两个小项组成。"B.2 工程质量及施工现场安全监理情况检查评分表"由工程质量监理情况;施工现场安全监理情况两个小项组成。"B.3 监理实施过程及资料检查评分表"由施工现场监理文件资料管理,监理规划、监理实施细则,施工图审查及图纸会审,施工组织设计、(专项)施工方案报审,工程开工报审,施工控制测量成果报验,工程材料、构配件、设备报审,巡视、旁站,隐蔽工程、检验批、分项工程、分部工程报验,监理通知及回复,第一次工地会议、监理例会、专题会议,监理日志、监理月报,安全生产管理的监理工作,工程暂停、工程复工报审,施工进度计划、工程临时/最终延期报审,工程款支付、费用索赔报审,其他监理文件资料十七个小项组成。"B.4 相关单位评价检查评分表"由建设单位、施工单位两个小项组成。合计共有四个大项，二十三个小项组成了建设工程项目监理工作质量分项检查评分表。

填写时应符合下列要求：

1 每个小项都由重要项目和一般项目两个部分构成，但每个大项中的各个小项的重要项目累计得分率不足 70% 时（不含本数 70%），本大项不得分（按 0 分计）。

2 重要评分项与一般评分项扣分内容有交叉时，以重要评分项扣分为准，一般评分项不再重复扣分。

3 表格按扣分制设计，各项监理工作质量在检查评定前都符合有关规定和要求，默认起始分值均为满分（应得分），每个项目对照本标准检查，发现不足扣减相应的分值（实得分）。

4 扣分有定值及区间值两种情况，其中区间值（例如：扣 2~4 分）根据检查发现问题数量的多少、严重程度的不同、涉及面的大小、影响范围的深浅酌情予以扣减。

5 扣减分值时，应说明扣减的原因和扣减多少的理由，真实、准确、详细地填写检查时所发现的存在问题，便于项目监理机构对照整改，不断提高监理工作质量。

6 分值扣减的最小单位宜为 1 分，不应小于 0.5 分。

7 填写"相关单位评价检查评分表"时，条件允许时，检查组可以现场征询建设单位、施工单位的评价意见。重要的检查评定可以采用书面形式。

8 检查组长可以将各检查评分项分配给检查组成员分别予以完成，最后再统计、汇总、计算，得出得分率，给出评定等级。重要的检查评定可由检查组成员分别完成一套完整的检查评分表，各自得出得分率，再取所有检查组成员得分率的平均值，最终给出评定等级。

附录C 建设工程项目现场监理文件资料的组卷

C.1 组卷原则

C. 1. 1 组卷时要"保证卷内文件资料内在联系"的含意是：例如，工程资料中同一事项的请示与批复，应组合在一起，按批复在前、请示在后排列。有关质量安全问题的监理工程师通知单及监理通知回复单，应组合在一起，按监理工程师通知单在前、监理通知回复单在后顺序排列。同一材料复检（试）验报告在前，见证取送样单在后，原材料出厂合格证或质量证明书在最后；其他有见证检测（试验）或请示的工程文件均应检测（试验）报告在前，见证检测（试验）或请示文件在后。

C. 1. 2 工程监理文件资料应按单位工程进行组卷，当文件资料中部分内容不能按一个单位工程分类组卷时，可按建设项目组卷。如工程监理文件资料较多，一个案卷装不下时，可以在案卷号下分卷。

C. 1. 3 卷内目录的编制应包括下列内容，并排列在卷内文件首页之前。

 1 序号：以一份文件或反映同一事项的一组为单位，用阿拉伯数字从1开始，依次标注。

 2 文件资料题名：填写文件标题的全称。

 3 文件资料日期：填写文件形成的日期。

 4 责任单位：填写编制单位名称。

C.2 组卷内容

C.2.1 属于"建设工程监理合同"监理范围内，且在监理过程中确需作为依据使用的合同，方予以收集整理。

"施工合同"指总承包施工合同和专业分包施工合同（防水施工合同、消防施工合同、建筑智能化施工合同等）。

"其他合同"主要包括建筑起重机械租赁合同、商品砼供应合同、预拌砂浆供应合同、检测试验合同、预制桩供应合同、劳务合同等。

C.2.2 "工作联系单"用于工程监理单位与工程建设有关方相互之间的日常书面工作联系，有特殊规定的除外。工作联系的内容包括告知、督促、建议等事项，可以不需要书面回复。

C.2.3 "工程质量监理报告"是指项目监理机构在实施监理过程中，发现工程存在质量事故隐患，发出工程质量监理通知单或工程暂停令后，施工单位拒不整改或者不停工时，根据有关法律法规应采用书面形式及时向政府主管部门报告。

情况紧急下，项目监理机构可先通过电话、传真或电子邮件方式向政府主管部门报告，事后仍应以书面形式监理报告送达政府主管部门，同时抄报建设单位和工程监理单位。

C.2.4 施工机械、设施报审表及附件应包括施工机械、设施的验收合格资料及监理审查意见。监理需审查的文件包括：

施工现场主要建筑机械设备的检查（检测）验收报告；施工起重机械的特种设备制造许可证、产品合格证、制造监督检验证明、备案证明等文件。安装单位、使用单位的资质证书、安全生产许可证和特种作业人员的操作资格证书；安装、拆卸专项施工方案等。

由于施工安全资料仅针对施工过程中的安全控制与管理，不需要长期保存，且已有专门的法规和标准规范其要求，安全方面的监理文件资料注重过程收集、动态使用、现场归档。

C.2.5 涉及工程费用索赔的有关施工和监理文件资料包括：施工合同、采购合同、工程变更单、施工组织设计、专项施工方案、施工进度计划、建设单位和施工单位的有关文件、会议纪要、监理记录、工作联系单、监理通知单、监理月报及相关监理文件资料等，应根据索赔事件的不同收集齐相应附件。

费用索赔申请资料包括：索赔意向通知书、索赔事项的相关证明材料。

费用索赔审查资料包括：受理索赔的日期，索赔要求、索赔过程，确认的索赔理由及合同依据，批准的索赔额及其计算方法等。

工程变更资料，无论是由设计单位或建设单位或施工单位提出的，均应由相关各方共同签认。

工程变更需要修改工程设计文件，涉及消防、人防、环保、节能、结构等内容的，应附按规定经有关部门重新审查的意见。

工程变更单的附件包括：工程变更的详细内容，变更的依据，对工程造价及工期的影响程度，对工程项目功能、安全的影响分析及必要的图示和计算。

处理合同变更、争议、违约的资料包括争议双方各自的书面证据及有关文件。

附录 D 监理单位及相关单位用表

D.1 监理单位用表

表 D.1.1 "建设工程监理合同"签订后，监理单位应将对总监理工程师的任命以及相应的授权范围通知建设单位，载明总监理工程师的姓名、注册证书号、派驻项目名称，并附加盖监理单位公章的身份证、注册证复印件（或扫描件）。工程监理单位调换总监理工程师时，书面征得建设单位同意后，仍应用此表任命新的总监理工程师。

项目监理机构需设置总监理工程师代表的，应根据《建设工程监理规范》对总监理工程师代表岗位职责的规定，签订授权书予以具体明确，作为本表的附件。授权书除总监理工程师和总监理工程师代表双方签字外，尚应经工程监理单位法定代表人签字同意，并加盖监理单位印章。

表 D.1.2 项目监理机构应建立起项目监理机构印章的管理制度，严格在授权范围内使用，项目监理机构印章在授权范围内法律效力等同于监理单位印章。

其他有关单位包括项目管理单位、建设单位按总包合同另行分包的分包单位等；项目监理机构印章授权的截止日期也可以是"建设工程监理合同"上约定的合同截止日期等具体的时间点。

表 D.1.3~表 D.1.4 监理规划、监理实施细则统一封面上所列的主要内容不是具体的章节标题，项目监理机构可以根据工程项目具体情况和监理单位内部规定确定相应的章节标题。

工程项目名称应与所签订的"建设工程监理合同"一致。在实施建设工程监理过程中，当实际情况或条件发生变化而需要调整监理规划、监理实施细则时，应按编制时间的先后顺序来确定版本编号。

表 D.1.5 项目监理机构对施工单位报送的"工程开工报审表"及相关资料审查合格后，确认工程具备开工条件，并取得建设单位批准，指示施工单位按期开工。整个建设工程项目、某个单位工程、分包工程开工均采用此表。

分包工程开工，应由总包施工单位报送"分包单位资格报审表"和"工程开工报审表"。

表 D.1.6 项目监理机构应根据旁站监理方案对施工质量进行现场监督，旁站监理工作结束时必须及时填写旁站记录，真实地反映旁站监理工作过程。

项目监理机构应将需实施旁站的关键部位和关键工序在施工开始 7 天前告知施工单位，施工单位应在进行施工前 24 小时，通知项目监理机构安排旁站监理人员进行旁站监理。

常见旁站监理范围和内容（不仅限于此）

旁站监理范围		旁站监理内容
基础工程	土方回填 砼灌注桩浇注 地下连续墙、土钉墙、后浇带及其他结构砼、防水砼浇注 卷材防水层细部构造处理 钢结构安装	1 按照技术标准、规程和有效的设计文件进行施工的情况。 2 材料，构配件和设备的使用情况以及施工机械数量和性能满足施工需要的情况。 3 施工单位现场管理人员、质检员、安全员在岗情况。
主体结构工程	梁柱节点钢筋隐蔽过程砼浇注 预应力张拉 装配式结构安装 钢结构安装 网架结构、索膜安装	4 特种作业人员的持证上岗情况，施工人员的技术水平、操作条件满足施工工艺要求的情况。 5 施工过程中对存在质量的问题处理情况。 6 旁站人员可采用拍照或摄像予以记录

表 D.1.7　项目监理机构对施工单位在施工中出现的质量安全问题，或施工单位施工不当造成工程质量安全隐患时，应发出要求施工单位整改的指令。

有关工程质量的监理通知单和有关施工安全的通知单应分别编号发出，一般问题可由专业监理工程师填写签发，重大问题应由总监理工程师签发。本表与"监理通知回复单"对应使用。

项目监理机构发现施工中存在质量安全问题或隐患时，监理工程师即使已经口头给施工单位提出整改要求，事后也应在 24 小时内补充发出监理通知单。

表 D.1.8 监理日志不等同于监理日记，监理日记是每个监理人员自己的工作笔记，而监理日志一般应由总监理工程师指定专业监理工程师负责编写，是项目监理机构在实施建设工程监理过程中每日形成的有关监理工作情况和工程施工情况的资料文件。

监理日志是监理工作的重要依据之一，为今后追溯问题、分清责任提供依据，并为编制监理月报、监理工作总结积累素材，同时也是考核监理机构和监理人员的重要资料。

总监理工程师应定期审阅监理日志，全面了解监理工作情况，总监理工程师可以逐日审阅，也可以集中每周审阅一次。

表 D.1.9 监理月报是项目监理机构每月向建设单位提交的建设工程监理工作及建设工程实施情况等的分析总结报告。应由总监理工程师组织专业监理工程师编写，总监理工程师签字确认并加盖项目监理机构印章。

工程进展情况：计划进度，是指由施工单位制定、符合合同约定，并经总监理工程师批准的进度计划，往往以横道图、网络图形式出现；实际进度，是指经监理检查符合质量要求，满足合同规定的实际完成工作量；比较分析，从影响工程进度的人、料、机、法、环和资金等几方面进行分析。

监理工作统计：包括专题报告、监理例会；有关工程质量安全监理通知单；材料、设备、构配件进场检验；隐蔽工程、检验批、分项分部验收；向施工单位发出其他指示、指令；工程付款支付证书等数量统计。工作图片：包括工程形象进度、重大质量安全问题、重要事件等图表和照片。

表 D.1.10　总监理工程师签发工程暂停令时，应事先征得建设单位的同意。在紧急情况下，未能事先征得建设单位同意的，应在事后及时向建设单位作出书面报告。施工单位未按要求停工的，项目监理机构应及时报告建设单位。

项目监理机构应在"监理日志"中如实记录暂停施工事件发生时的详细情况。总监理工程师应会同有关各方按施工合同约定，处理因工程暂停引起的与工期、费用有关的问题。

表 D.1.11　工程暂停施工后，当造成暂停施工的因素已经消除，且具备复工条件时，经建设单位批准后，总监理工程师及时签署工程复工令。本表与"工程复工报审表"对应使用。

因施工单位原因暂停施工的，项目监理机构签发"工程复工令"前，应检查、验收施工单位的停工整改过程、结果。

施工单位未及时提出复工申请的，总监理工程师可根据工程实际情况指令施工单位恢复施工。

表 D.1.12　项目监理机构发出"监理通知单"或"工程暂停令"后，施工单位拒不整改或者不暂停施工，项目监理机构向建设单位报告仍无效的，应向政府有关主管部门进行报告。有关工程质量的监理报告和有关施工安全的监理报告应分别编号发出，由总监理工程师签署。

表 D.1.13 项目监理机构对施工单位在"工程款支付报审表"中提交的工程量和支付金额进行复核，确定本期应支付给施工单位的金额。工程竣工结算款支付证书也按本表要求填写。项目监理机构签发工程款支付证书的程序：

1 专业监理工程师对施工单位在工程款支付报审表中提交的工程量和支付金额进行复核，确认实际完成的合格工程量，提出到期应支付给施工单位的金额，并提供相应的支持性材料。

2 总监理工程师对专业监理工程师的审查意见进行审核，签认后报建设单位审批。

3 总监理工程师根据建设单位的审批意见，向施工单位签发工程款支付证书。

一般情况下，项目监理机构应从第一个付款周期开始，在施工单位的进度付款中，按专用合同条款的约定扣留质量保证金，直至扣留的质量保证金总额达到专用合同条款约定的金额或比例为止。质量保证金的计算额度不包括预付款的支付、扣回以及价格调整的金额。

附件资料包括相应的"监理通知单""工程暂停令"，应说明时间、编号，以及其他检测资料、会议纪要、安全检查记录等证明项目监理机构履行安全生产管理法定职责的相关文件资料。

紧急情况下，项目监理机构可以先通过电话、传真或者电子邮件向有关主管部门报告，但事后 24 小时内应形成书面监理报告。

在书面报告政府有关主管部门的同时，应抄报建设单位和监理单位。一般情况下，发生此种情况表明施工现场已失控，项目监理机构尚应将此事通知监理单位负责人。

表 D.1.14 项目监理机构对施工单位提交的"单位工程竣工验收报验表"及附件进行审查，并组织工程竣工预验收，要求施工单位对存在的问题进行整改，整改合格后，独立出具相应的单位工程综合质量评估意见和结论。建设工程项目有多个单位工程时，应分别填写"单位工程质量评估报告"，不得合并填写。

当基础工程、主体结构工程等分部工程（子分部工程）由于过程隐蔽等原因，需要分段验收时，项目监理机构应分别及时出具该分部工程（子分部工程）的质量评估意见和结论。

预留的"分部工程质量评估报告"页，供一些需单独进行质量评估的分部工程使用，比如室外设施的"道路""边坡"分部工程；"附属建筑""室外环境"分部工程等。

表 D.1.15 工程竣工验收后，项目监理机构应向建设单位报告建设工程监理合同的履行情况和监理工作成效，对在监理过程中发现的主要（重要）质量问题及处理情况进行陈述，对在监理实施过程中未处理完善的事项应进行说明，对项目监理机构的监理工作全过程进行总结，并对建设单位在今后使用过程中需注意的事项提出建议。

监理工作总结由总监理工程师主持编写，经总监理工程师签字报监理单位技术负责人批准后，作为监理单位合同履行情况的总结报告报送工程建设单位。

表 D.1.16 工程竣工验收后，项目监理机构将工程监理文件资料向建设单位进行移交有两种情况：一种情况是由于监理过程中已经随工程进展同步移交了大部分过程资料，此时只需移交监理总结等最后一部分资料；另一种情况是根据建设工程监理合同的约定，除过程中已经移交的监理文件资料外，尚需再移交一套完整的监理资料给建设单位。

D.2 施工单位用表

表 D.2.1 本表适用于施工组织设计报审、施工方案报审和安全专项施工方案报审。表格标题应明确报审的相应内容，划掉其他的，保留对应的标题，如施工组织设计报审，则划掉"（专项）施工方案"，成为"施工组织设计报审表"；属于施工方案的，则划掉"施工组织设计/（专项）"，成为"施工方案报审表"。

对于超过一定规模的危险性较大的分部分项工程安全专项施工方案应经专家论证通过，并由施工单位技术负责人审核签认。项目监理机构应检查施工单位组织专家进行论证、审核的情况，以及是否附具安全验算结果，符合要求的，总监理工程师签署，并报建设单位审批。

施工组织设计的报审应遵循下列程序及要求：

1 施工单位编制的施工组织设计经施工单位技术负责人审核签认后，加盖施工单位公章，与施工组织设计报审表一并报送项目监理机构。

2 总监理工程师应及时组织专业监理工程师进行审查，参加审查的各专业监理工程师均须签字。需要修改的，由总监理工程师签发书面意见，退回修改；符合要求的，由总监理工程师签认。退回复审的，施工单位应将上次的审查意见作为附件同时报审，项目监理机构对每次的审查意见均应留存一份，以便于对照审查。

3 已签认的施工组织设计由项目监理机构报送建设单位。

分包单位编制的施工组织设计、施工方案、安全专项施工方案均应经施工单位项目技术负责人审核签认，由施工单位报送项目监理机构。

对需要返工处理或加固补强的质量缺陷、质量事故，项目监理机构要求施工单位报送经设计等相关单位认可的处理方案，也应采用此表。

施工组织设计、施工方案、安全专项施工方案需要调整时，施工单位应按程序重新提交，项目监理机构重新予以审查。

表 D.2.2 项目监理机构对施工单位提出的单位工程、分包工程开工申请进行审查具备工程开工条件，报建设单位批准后，及时签发"工程开工令"。

建设工程施工合同中包含多个单位工程，且开工时间不一致，前后相距时间较长时，同批开工的单位工程应分批次分别填报，并在工程名称中注明清楚。建设工程项目按规定或合同约定需要进行分包时，分包工程开工时也应填报此表。

对满足工程基本开工条件、并获得建设单位批准确需先行开工的，可以要求施工单位在指定的期限内继续完善，如不能按期完善开工条件的，可下令暂停施工，至具备条件。证明文件资料应包括下列主要内容：

1 会签完成的设计交底和图纸会审记录。

2 经项目监理机构审核、建设单位审批同意的"施工组织设计/（专项）施工方案报审表"。

3 施工单位的营业执照、资质证书、安全生产许可证等资料。

4 施工项目经理部主要管理人员名单、项目经理任命文件、主要管理人员执业资格证书、项目经理和专职安全员的安全考核合格证等资料。

5 经项目监理机构审核通过的"施工机械、设施报审表"。

审核意见：项目监理机构对施工单位提交的证明文件资料完整有效的审查意见，对已进入施工现场的项目部人员到位情况的核查结论，对大型机械设备、主要工程材料、现场临时设施、进场道路水电通信等具备使用条件的检查意见。

审批意见：建设单位对本工程项目施工许可证、质量（安全）监督登记等前期手续办理情况的明确，以及在建设工程施工合同中约定的由建设单位需完成前期工作落实情况，并最终由建设单位批准工程开工。

表 D.2.3　项目监理机构应要求施工单位健全施工现场质量安全生产管理体系，在工程开工审查时即进行检查，并在工程施工过程中不断予以督促落实。施工单位的施工现场质量安全生产管理体系资料一般体现在施工组织设计中，如施工组织设计中所要求的资料不完整时，应单独提供相应书面资料。

同一个建设工程监理合同中的多个标段，由不同的施工单位施工的，应要求各施工单位分别报审施工现场质量安全生产管理体系，专业分包单位也应填写本表。施工现场质量管理检查记录尚应符合《建筑工程施工质量验收统一标准》GB 50300 的有关规定。

质量管理体系审查应包括下列内容：

1 现场质量管理制度：根据工程实际情况建立的针对现场质量管理的制度。

2 现场质量责任制：根据质量责任分工建立的具体岗位责任制度，如：技术交底制度、质量责任人分工、质量责任落实规定、定期检查及奖罚制度等。

3 质量管理组织机构：明确施工项目经理部内部质量管理职责分工后，建立质量管理组织机构，并绘制施工现场质量管理组织机构框图。

4 对分包单位的质量管理制度：专业分包的资质应在其承包业务范围内承建工程。总承包单位应有管理分包单位的制度，主要是质量、技术的管理制度。

5 施工技术标准：企业应建立技术标准档案，项目施工中所使用的各工种的施工技术标准均应提供。

6 施工质量检验制度：项目施工中所使用的各种质量检验制度，包括原材料、设备进场检验制度、施工过程的试验报告管理制度、施工测量复核制度、分部/分项工程完工后的抽查检测制度等。

7 搅拌站及计量设备：能说明搅拌站的计量设施符合要求及具有完善管理制度的资料。

8 现场材料、设备存放与管理办法：根据材料、构配件、设备的特性，制定的现场材料、施工设施和机械设备的管理制度。

9 特种作业人员及上岗证书汇总表：包括测量工、电工、电焊工、架子工、机操工等现阶段进场特种作业人员汇总表及特种作业操作证书报审资料。

安全管理体系审查应包括下列主要内容：

1 安全管理制度：主要包括安全生产管理检查制度、施工现场消防管理制度、安全教育制度、项目安全技术管理制度、门卫制度、施工现场防火制度、施工现场内部治安管理制度、施工现场环境卫生管理制度、民工住宅管理制度、食堂卫生管理制度、木工房防火制度、配电房安全制度、材料室安全消防制度等与施工安全相关的管理制度。

2 安全责任制：主要包括项目经理安全生产责任制、项目技术负责人安全生产责任制、工长安全生产责任制、专职安全员安全责任制度、班组安全管理人员安全责任制度等安全管理人员的安全责任制度。

3 安全管理组织体系：明确施工项目经理部内部安全管理职责分工后，建立安全管理组织机构，并绘制施工现场安全管理组织机构框图。

4 对分包单位在安全方面的管理制度：总承包单位应有管理分包单位施工安全的管理制度。

5 安全操作规程：有符合工程项目实际情况的覆盖各工种及施工现场实际使用的施工机械的安全技术操作规程，例如：塔吊安全操作规程、电工安全操作规程、钢筋机械切断机操作规程、木工支模/拆模安全技术操作规程等安全操作规程。

6 安全技术交底相关资料：有安全技术交底制度及各种安全技术交底记录等相关资料。例如：工程项目技术负责人对各分管工长的安全交底、工长对作业人员按工种进行安全操作规程交底、总包对分包的进场安全总交底、施工作业过程中的分部/分项安全技术交底、对危险部位/重点部位操作班组进行的专项针对性安全技术交底等安全技术交底资料。

7 安全教育与培训相关资料：包括安全教育与培训制度、施工作业人员的三级教育培训资料、各工种安全技术操作规程培训记录等教育培训资料。

8 主要管理人员安全考核合格证书：企业主要负责人、项目经理、专职安全员安全考核合格证书。

9 施工安全措施：包括施工现场的各项安全保证措施，如：用电安全保证措施、机械安全保证措施、消防安全保证措施、高空作业及立体交叉施工施工安全措施、防火防爆保护措施等施工安全措施。

审查意见：总监理工程师组织专业监理工程师对施工单位所提供的相应资料进行符合性审查，合格后做出结论，并由总监理工程师签字；不合格的，应要求施工单位限期改正。

表 D.2.4 项目监理机构应对施工单位用于施工现场的大型机械设备、设施进场安装符合已经过审批的施工组织设计、专项施工方案或者满足现场施工需要的情况进行审查。

项目监理机构应审查相关单位的资质证书、安全生产许可证及相关人员的资格证、专职安全生产管理人员上岗证和特种作业人员操作证，以及施工机械和设施的安全许可验收手续。

施工机械、设施的安装、检测、验收、拆除按相关规定执行，并由施工单位填写"（通用）报审/报验表"。

施工机械、设施安装（拆除）时，项目监理机构应审查施工单位编制的施工起重机械、整体提升脚手架、自升式滑模等危险性较大的施工机械设施专项施工方案；对超过一定规模的危险性较大的分部分项工程，尚应检查施工单位组织专家论证以及附具安全验算结果的情况；符合要求的，应由总监理工程师签认后报建设单位批准。

项目监理机构应对按规定需要定期进行检测的施工机械、设施，要求施工单位委托第三方检测机构进行检测，提供检测合格报告，并对其进行审查。

表 D.2.5 项目监理机构应审查施工单位报送的分包单位资质文件、安全生产许可证齐全有效的情况，专职管理人员和特种作业人员资格符合相关规定的情况，以及工程分包满足建设工程施工合同约定的情况，符合要求时，由总监理工程师根据专业监理工程师的审查意见，同意该分包单位进场施工。

项目监理机构应审查有关行政主管部门对该分包单位企业资质动态核查情况，必要时项目监理机构可会同建设单位、施工单位对分包单位进行实地考察，以验证分包单位有关资料的真实性。

项目监理机构应审查转包、肢解分包、违法分包等违法违规建设行为的情况，提出相应处理意见，并不得同意该分包单位进场施工。

分包单位业绩材料是指分包单位近三年完成的与所分包工程（部位）内容类似的工程业绩材料，并说明其质量情况，必要时可要求分包单位附具相应的竣工验收资料或原建设单位的书面证明材料。

表 D.2.6 项目监理机构对于施工单位依据批准的建设规划许可所给出的放线坐标，所进行的建筑定位施工控制测量结果及保护措施应进行审查，必要时尚应进行独立复测或平行复测。

专业监理工程师在对测量成果进行查验前，首先应对专业测量人员资格证书、测量设备的检定证书进行检查确认，检查内容包括测量仪器的名称、型号、编号、校验资料等。

专业监理工程师应按标准规范有关要求，进行仪器精度、观测规范、记录格式等的审查，对控制桩位置、控制网布设、高程（水平）控制标志、控制桩保护等进行检查，对其是否符合设计及规范规定进行复核，同时还应进行必要的外业复核，形成项目监理机构独立的复测资料。

施工控制测量依据资料：包括规划许可附件附图、基准点坐标、高程坐标、经审查通过的建筑总平面布置图等。

施工控制测量成果资料：包括施工平面控制网、高程控制网和临时水准点的测量成果表及附图，建筑物（构筑物）定位放线成果，控制桩保护措施（方案）。必要时可要求施工单位提供平差计算表等测量过程记录。

审查意见：专业监理工程师应详细查阅、核对相关资料，并实地检查、复核施工单位报送的施工控制测量成果及保护措施符合标准规范及设计等相关要求的情况，符合要求的，予以签认。

表 D.2.7 项目监理机构应审查施工单位报送的用于建设工程的材料、构配件、设备的质量证明文件，并按有关规定及建设工程监理合同约定，进行见证取样和平行检验，合格的，同意在工程上使用。

由建设单位采购的主要设备应附具由建设单位、施工单位、项目监理机构三方签认的开箱检查记录；进口材料、构配件和设备应按照合同约定，由建设单位、施工单位、供货单位、项目监理机构及其他有关单位进行联合检查，检查情况及结果应形成记录，并由各方代表签字认可；新材料、新工艺、新技术、新设备的应用应符合国家相关规定，监理机构认为必要时，应要求施工单位组织专题论证，审查合格后报总监理工程师签认。

项目监理机构对已进场经检验不合格的工程材料、构配件、设备，应要求施工单位限期将其撤出施工现场。

质量证明文件：是指出厂合格证、质量检验报告、性能检测报告、施工单位的质量抽检报告以及平行检验报告等文件资料。进口材料、构配件、设备应有商检的证明文件；新产品、新材料、新设备应有相应资质机构的鉴定文件。

自检结果：是指施工单位核对所购工程材料、构配件、设备的清单和质量证明资料后，对工程材料、构配件、设备实物及外部观感质量进行验收核实的结果。

表 D.2.8 项目监理机构应对施工单位报验的隐蔽工程、检验批、分项工程的质量检验资料进行审查，并按有关标准规范和设计文件对工程实体质量进行验收，符合要求的，签署验收意见；对验收不合格的应拒绝签认，不得同意进入下一道工序，同时要求施工单位在指定的时间内整改并重新报验。

隐蔽工程、检验批可根据施工工序、质量控制、工程量和专业验收的需要，按施工段、楼层、变形缝进行划分；分项工程可按主要工种、材料、施工工艺、设备类别进行划分，并符合《建筑工程施工质量验收统一标准》（GB 50300）的规定。施工前由施工单位制定隐蔽工程、检验批、分项工程的划分方案，必要时由监理单位和施工单位协商确定。

项目监理机构验收前，施工单位应完成自检，对存在的问题进行整改，合格后申请专业监理工程师组织验收。检验批应由专业监理工程师组织施工单位项目专业质量检查员、专业工长等进行验收；分项工程应由专业监理工程师组织施工单位项目专业技术负责人等进行验收。

分包单位应对所承担的隐蔽工程、检验批、分项工程先行内部验收，施工单位应派人参加，自检合格后，分包单位将质量检验资料移交给施工单位，由施工单位向项目监理机构报验。

在分项工程验收中，如果对检验批验收结论有怀疑时，应进行相应的现场检查核实，项目监理机构可要求施工单位对已覆盖的隐蔽部位进行钻孔探测、剥离或其他方法重新检验。

工程质量控制资料应齐全、完整、真实、有效，当部分资料缺失时，应委托有资质的检测机构按有关标准进行相应的实体检验或抽样试验。

表 D.2.9　项目监理机构对施工单位报验的分部工程，在所含分项工程的质量均合格、质量控制资料完整的基础上，对涉及安全、节能、环境保护和主要使用功能的地基与基础、主体结构和设备安装等分部工程应进行有关的见证检验或抽样检验，并以观察、触摸或简单量测的方式进行观感质量验收，主观判断，综合给出观感质量评价结果，均符合要求时，签署分部工程质量验收合格意见。对验收不合格的应拒绝签认，同时应要求施工单位在指定的时间内整改并重新报验。

分部工程应按专业性质或工程部位来确定。当分部工程较大或较复杂时，可按材料种类、施工特点、施工程序、专业系统及类别将分部工程划分为若干子分部工程。

分部工程应由总监理工程师组织施工单位项目负责人和

项目技术负责人等进行验收。必要时，勘察单位、设计单位、建设单位的专业负责人应参加分部工程的验收。

分包单位应对所承担的分包分部工程先行内部验收，施工单位应派人参加，自检合格后，分包单位将质量检验资料移交给施工单位，由施工单位向项目监理机构报验。

当分部工程的施工质量不符合要求，经返修或加固处理，满足安全及使用功能要求时，可按技术处理方案和协商文件的要求予以验收。经返修或加固处理仍不能满足安全或重要使用功能的分部工程，严禁验收。

工程质量控制资料应齐全完整，当部分资料缺失时，应委托有资质的检测机构按有关标准进行相应的实体检验或抽样试验。

表 D.2.10 项目监理机构应要求施工单位根据"监理通知单（质量/安全）"的要求，回复说明整改过程、整改结果及自检的情况，并附具整改的相关证明资料，包括检查记录、对应部位整改前后的对比影像资料等。

"监理通知单（质量/安全）"作为项目监理机构发出的指令性文件，施工单位均应以"监理通知回复单"给予整改回复，以使所提出的质量安全问题得以解决，不留隐患，形成闭合。对于"监理通知单（质量/安全）"中提出的各个问题，当其在时间、部位、专业等方面关联不大、可以相对独立整改时，为不影响整体工程施工，可以分别予以回复。针对同一个"监理通知单"（质量/安全）的"监理通知回复单"应装订在一起。

施工单位在对表格进行编号时，应按"监理通知单（质量/安全）"要求将质量和安全方面的内容分别予以编号。

复查意见：项目监理机构在复查时，除对所附资料进行核查外，还要结合平时的巡视对施工过程进行检查，检查施工单位的整改内容符合"监理通知单（质量/安全）"的要求，整改结果符合相关标准规范及设计文件要求，经确认后，签署整改完成意见，同意进行下一道工序。

表 D.2.11 在工程暂停施工之后，当造成暂停施工的原因消失、具备复工条件时，项目监理机构应及时对施工单位提出的复工申请进行处理，本表与"工程复工令"配合使用。

总监理工程师审核时，应注意区分由下列不同原因引起的工程暂停情况：

1 对于由建设单位要求暂停施工且工程需要暂停施工的，总监理工程师只需审查确认这些原因（如：建设单位的资金问题、土地拆迁问题、方案问题等）确实已经消除，即可签发本表。

2 对施工单位项目部未经批准擅自施工或拒绝项目监理机构管理的，总监理工程师要从管理程序上予以纠正，必要时建议施工单位对施工单位项目部进行调整，以确保施工单位项目部不会再发生类似的问题，待消除管理失控的隐患后，方可签发本表。

3 对施工单位项目部未按审查通过的工程设计文件施工的、违反工程建设强制性标准的，必须要求返工重做直至符合设计文件和强制性标准，或符合经设计等单位认可的处理方案后，方可签发本表。

4 对存在重大质量安全事故隐患或发生质量安全事故的，应要求按照经设计等相关单位认可的（专项）施工方案进行处理，并对处理的过程进行跟踪检查，验收合格后，方可签发本表。

总监理工程师应按照"建设工程施工合同"规定的时限处理复工申请。"建设工程施工合同"（示范文本）规定，总监理工程师应在 48 小时内答复施工单位项目部以书面形式提出的复工要求。总监理工程师未能在规定的时间内提出处理意见，或收到施工单位项目部复工要求后 48 小时内未给予答复，施工单位项目部可自行复工。

证明文件资料应包括下列内容：

1 有关整改措施及落实情况的资料、会议纪要、影像图片资料。

2 相关的检查验收记录。

3 需要返工处理或加固补强的质量缺陷和质量事故的经设计等相关单位认可的处理方案，以及处理过程、检查验收资料。

4 有关检测单位出具的监测、检测资料。

表 D.2.12 项目监理机构对施工单位所报送的工程施工总进度计划、阶段性施工阶段计划、调整进度计划均应进行审查。审查阶段性施工进度计划时，应注意阶段性施工进度计划与总进度计划目标的一致性。

项目监理机构应定期检查施工进度计划的实施情况，比较分析工程施工实际进度与计划进度差异，预测实际进度对工程总工期的影响，当发现实际进度落后计划进度较多时，应在下期施工进度计划审查、审核中提出加快施工进度、增加材料设备供应、增加劳动力等措施的建议；发现实际进度严重滞后于计划进度且影响合同工期时，项目监理机构应及时采取召开专题会议等方法，督促施工单位按批准的施工进度计划实施。

在施工进度计划实施过程中，项目监理机构应检查和记录实际进度情况，当施工进度计划发生较大调整时，应报项目监理机构审查，并经建设单位同意后实施。

审查意见：专业监理工程师应就其内容的完整性、与合同要求的符合性、与实际相比的可实施性、与质量安全投资的协调性等进行审查，提出相应的改进意见。

审核意见：总监理工程师根据专业监理工程师的审查意见，对其进行复核，提出同意与否的意见。

表 D.2.13 项目监理机构对于非施工单位原因造成的工期拖

延，从而导致施工单位提出工期补偿的申请要求，根据建设工程施工合同的约定，提出相应的同意与否的审核意见。

本表是工程临时延期和最终延期的合用表，使用时根据具体情况选择并划去不需要的内容。当影响工期事件具有持续性时，项目监理机构应对施工单位提交的阶段性工程临时延期报审表进行审查，并应签署工程临时延期审核意见后报建设单位。当影响工期事件结束后，项目监理机构应对施工单位提交的工程最终延期报审表进行审查，并应签署工程最终延期审核意见后报建设单位。

项目监理机构在批准工程临时延期、工程最终延期批准前，均应与建设单位和施工单位协商，协商一致后，方可由总监理工程师进行签认。当建设单位与施工单位就工程延期事宜协商达不成一致意见时，项目监理机构应提出评估意见。

施工单位必须在建设工程施工合同规定的期限内，向项目监理机构提交本表。如超过此期限，建设单位和项目监理机构有权拒绝延期要求。施工单位应详细说明要求工程延期的依据、延期事件的经过、延期的理由、延期日期的计算，并附上证明材料。

施工单位因工程延期提出费用索赔时，项目监理机构可按施工合同约定进行处理。

审核意见：由总监理工程师填写同意延期与否的意见（在相应选项前打钩），同时说明同意或不同意的理由。如同意，应写明具体延期的起始日期。如部分同意，则应分别说明同意部分的理由和不同意部分的理由。当同意或不同意的理由以及相应的延期计算较为复杂时，则在此处仅概括说明理由和计算原则，另附报告予以详细说明。

审批意见：由建设单位代表填写是否同意项目监理机构的意见。

表 D.2.14 项目监理机构对于施工单位提出的关于支付工程预付款、工程进度款、工程竣工结算款、已确认的工程变更费用、已确认的索赔费用等的申请，根据建设工程施工合同及工程施工实际情况，由专业监理工程师对施工单位提交的工程量和支付金额进行复核，确定实际完成的工程量，提出到期应支付给施工单位的金额，并提出相应的支持性材料；总监理工程师对专业监理工程师的审查意见进行审核，签认后报建设单位审批。本表与"工程款支付证书"配合使用。

已完成工作：应是经验收合格、程序符合规定、资料符合要求，并符合施工合同规定计量范围内的工程量。仅完成某项工程的部分工程量（如钢筋仅制作成形尚未安装，脚手架未搭设完的部分）不予计量；虽已完成但达不到合格要求，需要整改的部分也不予计量。

支付日期：为"建设工程施工合同"中规定的日期，或经施工单位与建设单位协商确定的日期。

附件：与付款申请有关的资料，如已完成合格工程的工程量清单、价款计算规则、工程竣工结算证明资料及其他与付款有关的证明文件。

审查意见：专业监理工程师经过对已完工程量的核实，对所附资料的审查，对计算成果的复核、对支付合同依据的核查等，签署同意支付的意见，并且给出经审查后的施工单位本期应得款、应扣款、应付款具体数额。

审核意见：总监理工程师按照合同授权，根据专业监理工程师的审查意见，核对其具体数额，签署审核意见。

审批意见：建设单位代表根据"建设工程施工合同"的有关条款以及与施工单位的协商意见，签署是否同意总监理工程师的意见。

表 D.2.15 总监理工程师应组织专业监理工程师按标准规范、合同约定、经批准的施工组织设计、施工方案等，对施工单位提出的工程费用索赔进行审核与评估，经与建设单位、施工单位协商一致后，进行签认，并报建设单位审批。

施工单位应在费用索赔事件结束后的建设工程施工合同中约定的时间内向项目监理机构递交本表，如超过此期限，建设单位和项目监理机构有权拒绝索赔要求。施工单位应详细说明索赔事件的经过、索赔理由、索赔金额的计算，并附上证明材料，如内容较多可将索赔金额的计算等作为附件附在本表后。

总监理工程师在签发索赔报审表时，必要时可附一份索赔审查报告。索赔审查报告内容包括受理索赔的日期，索赔要求、索赔过程，确认的索赔理由及合同依据，批准的索赔额及其计算方法等。

合同条款：指明建设工程施工合同中具体条款编号，当有多款适用时应同时予以指出。

索赔原因：应为非施工单位本身的原因。

索赔金额：应准确填写，不得为一个概略数字。

索赔理由：应提出由索赔原因引起的（导致的）具体赔偿事项。

附件：即证明材料，应包括：索赔意向通知书、索赔事项的相关证明材料，证明材料要充分、属实。

审核意见：由总监理工程师填写同意索赔与否的意见，同时说明同意或不同意的理由，并应附相应的费用计算式。如部分同意，则应分别说明同意部分的理由和不同意部分的理由，同样附相应的费用计算式。当同意或不同意的理由以及相应的费用计算较为复杂时，则在此处仅概括说明理由和计算原则，另附索赔审查报告予以详细说明。

审批意见：由建设单位代表填写是否同意项目监理机构的意见。

表 D.2.16 用于除前表已经提到的具体有关报审事项以外的各种情况，作为通用的报审、报验事项使用。比如：施工单位选择的的施工试验室报验；施工单位相关资质、人员相关资格单独报审；小型施工机械设备、脚手架工程、卸料平台等涉及施工安全的设施设备使用前报审、施工单位对分包单位相关服务的报审等。

表 D.2.17 项目监理机构应对施工单位在单位工程（子单位工程）完工，自检符合竣工验收条件，向项目监理机构提出进行预验收申请后，及时组织验收。存在问题的，应要求施工单位及时整改；合格的，总监理工程师予以签认，报建设单位，同意组织正式验收。

每个单位工程（子单位工程）分别填写，不得将多个单位工程（子单位工程）合并成一个工程项目来填写。

工程质量验收资料：能够证明工程按合同约定完成并符合竣工验收要求的全部资料，包括：工程竣工报告、竣工验收记录、竣工资料核查记录等质量控制资料；所含分部工程中有关安全、节能、环境保护和主要使用功能的检验资料等。主要使用功能项目的抽查结果。

工程功能检验资料：按照《建筑工程施工质量统一验收标准》GB 50300 要求，对主要使用功能符合相关专业验收规范的抽查结果；对需要进行功能试验的工程（包括单机试车、无负荷试车和联动调试）的试验报告。

D.3 共用表

表 D.3.1 建设单位、施工单位、监理单位等组织召开的各种与建设工程项目有关的会议均可用此表形成相应会议纪要。

比如：图纸会审和设计交底会、第一次工地会议、监理例会、质量安全专题会议等。会议纪要是对会议议定事项的归纳整理，应逐条列出在会议中确定要办理或解决的问题，并明确由谁负责、什么时间完成，对未能达成一致的问题或暂时不能解决的问题也应列出，留待以后解决。

第一次工地会议、监理例会以及由项目监理机构主持召开的专题会议的纪要，应由项目监理机构负责整理；其他专题会议由发起单位主持，并负责整理。

会议纪要应经参会各方负责人审阅，与会各方代表应会签，主持单位盖章后再发送有关单位。

表 D.3.2　本表用于建设工程中发生了可能引起索赔的事件后，受到相应影响的单位依据法律法规、合同约定及其他有关文件资料，向相关单位声明（告知）拟进行相关索赔的意向，既可以是费用索赔，也可以是与之关联的工程延期要求。

本表既可以是施工单位向建设单位提出索赔意向，也可以是建设单位向施工单位提出索赔意向；既可以是费用索赔，也可以是与之关联的工程延期要求；同样适用于监理单位与建设单位、施工单位之间的索赔事项。

索赔意向通知书宜明确下列内容：

1　事件发生时间和事情经过的简单描述。

2　合同依据的条款和理由及其他有关依据性文件资料。

3　有关后续资料的提供，包括及时记录和提供事件发展的动态，影像资料等。

4 对工程成本和工期产生的不利影响及其严重程度的初步评估。

5 声明（告知）拟进行相关索赔的意向。

表 D.3.3 项目监理机构与工程建设相关方（包括建设单位、施工单位、勘察设计单位、设备制造供应商和建设行政主管部门等）之间的工作联系，除另有规定外均应采用本表进行。

发文单位签发的负责人应为建设单位的现场代表、施工单位的项目经理或项目技术负责人、监理单位的总监理工程师、设计单位的本工程设计负责人或专业负责人以及项目其他参建单位的相关负责人。经以上负责人授权的本单位其他人员（包括总监理工程师代表、专业监理工程师、设计单位的本工程项目专业负责人等）也可签署发出本表。

本表是体现监理单位履职情况的文件资料之一，应与其他文件资料同等对待。

表 D.3.4 本表用于工程建设有关方依据合同和实际情况，提出对工程的进行相应变更。变更单位提出变更要求后，应经过建设单位、设计单位、施工单位和监理单位的共同签认。

本表由提出方填写，写明工程变更原因、工程变更内容，并附必要的附件，包括：工程变更的依据、图纸、表格等；对工程造价、工期的影响程度说明。

工程变更涉及工程设计文件修改的，应由建设单位转交原设计单位修改；需要修改的工程设计文件，涉及消防、人防、环保、节能、结构等内容的，应按规定经有关部门重新审查。

总监理工程师应组织专业监理工程师对工程变更及由此带来的费用、工期影响作出评估；必要时，还应组织建设单位、施工单位等共同协商确定工程变更及费用、工期变化，会签工程变更单。